U0357461

数学·统计学系列

线性偏微分方程讲义

Lectures of Linear Partial Differential Equations

● [美] L·尼伦伯格 著

● 陆柱家 译

由黑龍江省精品圖書出版工程專項資金資助出版

HITP

哈爾濱工業大學出版社
HARBIN INSTITUTE OF TECHNOLOGY PRESS

内容提要

本书共分两章:第Ⅰ章论述一个颇为古典的问题,即通过适当的自变量变换,把(一阶)算子组化为像 Cauchy - Riemann 方程组这样简单的典则形式;第Ⅱ章致力于一些现在已被证明是如此有用的工具,即拟微分算子,以及广义函数波前集(或奇谱)的概念,并介绍了它们的几个应用. 本书适合数学爱好者以及线性偏微分方程的研究者和有关方面的专家参考使用。

图书在版编目(CIP)数据

线性偏微分方程讲义/(美)尼伦伯格著;陆柱家译. —哈尔滨:哈尔滨工业大学出版社,2011.3(2014.6 重印)

ISBN 978-7-5603-3224-6

Ⅰ.①线… Ⅱ.①尼…②陆… Ⅲ.①线性方程:偏微分方程 Ⅳ.①0175.2

中国版本图书馆 CIP 数据核字(2011)第 038406 号

策划编辑 刘培杰 张永芹
责任编辑 尹 凡
封面设计 孙茵艾
出版发行 哈尔滨工业大学出版社
社 址 哈尔滨市南岗区复华四道街 10 号 邮编 150006
传 真 0451 - 86414749
网 址 http://hitpress. hit. edu. cn
印 刷 哈尔滨市石桥印务有限公司
开 本 787mm × 1092mm 1/16 印张 5.25 字数 83 千字
版 次 2014 年 6 月第 1 版 2014 年 6 月第 2 次印刷
书 号 ISBN 978-7-5603-3224-6
定 价 18.00 元

目录

绪言

最近二十年来,偏微分方程理论有了显著的发展.新的问题被提出了,新的有力的工具也产生了,从而常常使得老问题获得较深刻的理解和解决.

这本讲义致力于线性偏微分方程理论中的若干课题.从比较初等的叙述性的材料开始,然后才接触现代的发展和技巧.对于非专业人们而言,这是一个对于一些现代问题和观点的介绍.它包含着老的成果,同时也包含新的成果.因为我希望考察一些深刻的结果,有时就必须技巧性强一些,但同时也尽力描述一下必要的背景.

第Ⅰ章论述一个颇为古典的问题,即通过适当的自变量变换,把(一阶)算子组化为像 Cauchy – Riemann 方程组这样简单的典则形式.除了少数技巧性要求(这也是描述了的)外,这部分内容或多或少是自足的.在第1节中,我们介绍了无解非齐次偏微分方程的 Lewy 例的一个变种.把方程化为典则形式的问题与齐次方程非平凡解的存在性有关,在第2节和第3节中,给出了只有平凡解或狭义解的齐次方程的例子,这些结果是新的.在第4节中,用 Malgrange[25] 的方法处理了把 $\mathbf{R}^{2n}$ 中 n 个方程组变换为 C^n 中的 Cauchy – Riemann 算子组的问题.虽然我们对于 Malgrange 的推理没有增加新的东西,但在我看来,这种推理是这样惊人,以致我觉得有必要在这本讲义里向尽可能广的读者再次介绍它.

在第Ⅱ章中,我们致力于一些现在已被证明是如此有用的工具,即拟微分算子,以及广义函数波前集(或奇谱)的概念,并且,我们介绍了它们的几个应用.第5节中给出了一类(稍狭窄一些的)拟微分算子的定义和概观.在第6节和第7节中,作为这类拟微分算子的值得注意的应用,我们证明了Calderón[2]有关始值问题的局部唯一性的一个定理,并将其结果稍加推广.(这也许是这本讲义里技巧性最高的部分.)接着,在第8节中引进了波前集的概念,并证明了Hörmander的有关奇性传播的一个漂亮的定理[15].最后,在第9节中,我们推广他的结果去概括由于波前集的"反射"而产生的边界处的性状,这个波前集满足某些"边界条件".这个结果是P. D. Lax和作者正在进行中的共同工作的一部分.

本书中我们将用比较标准的记号.对于定义于$\mathbf{R}^n$的一个区域中的$x=(x^1,\cdots,x^n)$的函数$u(x)$,我们使用下述记号:$\partial_{x^j}=\partial/\partial x^j$,$D_j=\partial_{x^j}/\mathrm{i}$,$D=(D_1,\cdots,D_n)$.有时,我们用下标表示微商$u_x=\partial u/\partial x$,等等.对于一组非负整数的多重指标$\alpha=(\alpha_1,\cdots,\alpha_n)$,$D^\alpha=D_1^{\alpha_1}\cdots D_n^{\alpha_n}$是一个$|\alpha|=\sum_1^n\alpha_j$阶的微商.$\alpha!=\alpha_1!\cdots\alpha_n!$的倒数将作为系数出现于Taylor级数展开式中.在Fourier变换中,$\xi=(\xi_1,\cdots,\xi_n)\in\mathbf{R}^n$将起着对偶变量的作用,并且,我们令$\xi^\alpha=\xi_1^{\alpha_1}\cdots\xi_n^{\alpha_n}$.一个线性偏微分算子是系数为$x$的函数(这里,它们总是$C^\infty$的)的$D$的多项式:

$$P(x,D)=\sum_{|\alpha|\leqslant m}a_\alpha(x)D^\alpha.$$

相应的多项式$P(x,\xi)=\sum_{|\alpha|\leqslant m}a_\alpha(x)\xi^\alpha$被称为算子$P$的(全)算符,它的最高次齐次部分$\sum_{|\alpha|=m}a_\alpha(x)\xi^\alpha$被称为$P$的主算符,记为$p$.

读者将在文献中找到这里所讨论的课题的更多的资料.我们特别提醒大家注意Hörmander[17]的讲义,那个讲义描述了很多新的发展;也请注意(即将出版的)①1971年8月在Berkeley由美国数学会主办的偏微分方程夏季讨论班的论文集(*Proceedings of the American Mathematical Society Summer Institute on Partial Differential Equations*, Berkeley, August 1971).

① 现已出版.——译者注

化一阶算子组为典则形式的方法

第 I 章

1. 一阶方程

让我们从最简单的例子开始. 这个例子如同方向导数,它是作用在实值函数 $w(x)$ 上的实系数一阶线性偏微分算子

$$Pw = \sum_{1}^{n} a^j(x)(\partial w/\partial x^j), \tag{1.1}$$

其中 $a^j(x)$ 是实的,而 $x = (x^1, \cdots, x^n) \in \Omega, \Omega \subset \mathbf{R}^n$ 为开集. 在 Ω 中的每一点 x,给出一个光滑变动的(C^∞) 向量

$$a(x) = (a^1, \cdots, a^n),$$

P 对函数 w 的作用是沿 a 的方向对 w 求导数,此算子 P 也称为一个向量场. 我们用求这个向量场的“积分曲线”来解方程

$$Pw = f.$$

所谓积分曲线,就是具有下述性质的曲线:在一条曲线上的每一点处,在该点的向量 a 与此曲线相切. 若这样的曲线由

$$x = x(t)$$

给出,这里 t 作为实参数,那么 $x(t)$ 满足所谓“特征方程” 的常微分方程组

$$\frac{dx^j}{dt} = a^j(x(t)), \quad j = 1, \cdots, n. \tag{1.2}$$

从常微分方程的理论知道,通过 Ω 中的每一点 x_0 恰有一条积分曲线. 如果我们把一个函数 $w(x)$ 限制在这样的一条曲线上,在此曲线上 w 就变为 t 的函数,则得到(用求和的约定)

$$\frac{\mathrm{d}w}{\mathrm{d}t} = \frac{\partial w}{\partial x^j}\frac{\mathrm{d}x^j}{\mathrm{d}t} = f.$$

这样,在积分曲线上 w 满足一个简单的常微分方程,因而 w 的值通过给出在横截于该向量场的超曲面(一个 $n-1$ 维曲面)上的初始值而唯一确定(至少是局部的).

我们可以局部的引进新自变量 $y = (y^1,\cdots,y^n)$,把积分曲线"变直",并把微分算子(1.1)化为特别简单的形式

$$P = \lambda\frac{\partial}{\partial y^n},\quad \lambda \neq 0. \tag{1.3}$$

此时,主算符(leading symbol)$a^j\xi_j$ 变为 $\lambda\eta_n$. 这样,$Pw = 0$ 的任一解即为 $(y^1,\cdots,y^{n-1})$ 的一个任意函数. 所以我们看到,微分算子 P 的局部的研究只包含常微分方程组(1.2)和算子$\frac{\partial}{\partial y^n}$. 然而,用以决定积分曲线或特征曲线的方程组(1.2)是非线性的 —— 即使我们是从作用在 w 上的线性算子 P 出发的.

现在来考察一阶算子(1.1),其中不仅系数,而且连 w 也允许为复值的. 任一这样的算子可写为

$$P = P_1 + \mathrm{i}P_2,$$

其中 P_1 和 P_2 是向量场,即具有实系数的算子. 如果 P_1 和 P_2 处处线性相关,即它们都是某一算子 P_3 的实倍数,那么 P 是 P_3 的一个(复)倍数,因此 P 的研究被归结为上面我们已描述过的 P_3 的研究. 这样,要研究的下一个有代表性的情形即为当 P_1 和 P_2 是处处线性无关的情形.

这中间最熟悉的例子是在具有坐标(x,y)的 $\mathbf{R}^2$ 中的 Cauchy - Riemann 算子

$$P = \frac{1}{2}\left(\frac{\partial}{\partial x} + \mathrm{i}\frac{\partial}{\partial y}\right) = \frac{\partial}{\partial \bar{z}}, \tag{1.4}$$

这里 $z = x + \mathrm{i}y$. 用$\frac{\partial}{\partial \bar{z}}$表示 P 和用$\frac{\partial}{\partial z}$表示$\frac{1}{2}\left(\frac{\partial}{\partial x} - \mathrm{i}\frac{\partial}{\partial y}\right)$是方便的,因为此时一个函数 $w(x,y)$ 的微分取下述形式

$$\mathrm{d}w = \frac{\partial w}{\partial x}\mathrm{d}x + \frac{\partial w}{\partial y}\mathrm{d}y + \frac{\partial w}{\partial \bar{z}}\mathrm{d}\bar{z} + \frac{\partial w}{\partial z}\mathrm{d}z,$$

满足齐次 Cauchy - Riemann 方程

$$\frac{\partial w}{\partial \bar{z}} = 0,\text{即}\frac{\partial u}{\partial x} - \frac{\partial v}{\partial y} = 0,\frac{\partial u}{\partial y} + \frac{\partial v}{\partial x} = 0$$

的函数 $w = u + \mathrm{i}v$ 的研究涉及解析函数理论. 解析函数或全纯函数的经典文献

不考虑非齐次方程

$$\frac{\partial w}{\partial \bar{z}} = f. \tag{1.5}$$

然而,在解析函数理论的近代处理方法中,关于非齐次方程的结果在研究解析函数时被证明是很有用的. 对于"好"的函数f,方程(1.5)在一区域Ω中的解由(这里$\zeta = \xi + \mathrm{i}\eta$)

$$w(z) = -\frac{1}{\pi}\iint_{\Omega}\frac{f(\zeta)}{\zeta - z}\mathrm{d}\xi\mathrm{d}\eta$$

给出;这个公式导出解的许多性质,如果对(1.5)的研究如何导出解析函数方面的结果感兴趣的话,我们介绍读者看 Hörmander[13]的第1章.

现在对于$n = 2$考虑一般的算子

$$P = P_1 + \mathrm{i}P_2,$$

其中P_1和P_2是Ω中线性无关的(实)向量场. 这个算子是椭圆的. 值得注意的是:局部地,此算子并不比 Cauchy - Riemann 算子更一般些. 事实上,存在新的局部坐标(x,y),$z = x + \mathrm{i}y$,使P取下述形式

$$P = \lambda\frac{\partial}{\partial z},$$

这里λ是一非零因子. 这样,方程$Pw = f$就局部地等价于$w_{\bar{z}}$. 因此算子P导致一个Ω中的"复结构"(complex structure);$Pw = 0$的解变为关于此结构的全纯函数;特别,它们都是类C^∞中的元素. 局部坐标z作为$Pz = 0$的使 Re grad z和 Im grad z线性无关的局部解而被得到. 如果z是一个这样的局部解,那么用坐标z和$\bar{z}$表示,算子P必定有形式$P = \lambda\frac{\partial}{\partial \bar{z}} + \mu\frac{\partial}{\partial z}$,但是其中$\mu \equiv Pz \equiv 0$. 这样的局部解的存在性的证明不是显然的,例如可参阅 Courant 和 Hilbert[5]的第4章第8节.

其次,转到$n > 2$和$P = P_1 + \mathrm{i}P_2$,这里P_1和P_2在Ω中线性无关. 在Ω中的每个点处,这两个向量场生成一个二维平面. 尝试把在处理单个向量场(1.1)时用到的方法加以推广,即求一族二维积分曲面,这是合理的. 这些积分曲面有这样的性质:在它们中的任一个上的任一点处,两个向量场都与其相切. 一般这是不可能的. 经典的 Frobenius 定理给出了一个使此成立的充要条件. 这个条件是:算子P_1和P_2的交换子(commutator)$[P_1,P_2] = P_1P_2 - P_2P_1$是$P_1$和$P_2$的线性组合. 如果这个条件被满足,那么,由 Frobenius 定理,集合Ω被积分曲面——这些曲面通过Ω的每一点——所分片(一次覆盖). 这时,算子P_1,P_2,因而算子P不超出每一曲面而作用. 这意味着,在每一曲面S中,我们有上述情形的结论:P决定了S上的一个复结构.

现在假设 Frobenius 可积条件不成立,即P_1,P_2和$[P_1,P_2]$是线性无关的.

奇怪的现象会发生. 1957 年 Hans Lewy[22] 提出了现在著名的 R^3 中这样算子的例

$$P = \frac{1}{2}\left(\frac{\partial}{\partial x^1} + \mathrm{i}\frac{\partial}{\partial x^2}\right) + \mathrm{i}(x^1 + \mathrm{i}x^2)\frac{\partial}{\partial x^3}, \tag{1.6}$$

它有下述性质:对很多(在某种意义下)C^∞ 函数 f,方程

$$Pw = f$$

在任何开集中没有解. 这里

$$P_1 = \frac{1}{2}\frac{\partial}{\partial x^1} - x^2\frac{\partial}{\partial x^3},\ P_2 = \frac{1}{2}\frac{\partial}{\partial x^2} + x^1\frac{\partial}{\partial x^3},$$

$$[P_1, P_2] = \frac{\partial}{\partial x^3}.$$

其后,Hörmander 立刻得到任何阶的任何线性偏微分方程 $Pw = f$ 的局部可解性的一个一般的必要条件. 在

$$P = P_1 + \mathrm{i}P_2 + c$$

的情形,这里 P_1, P_2 是向量场(不必线性无关),这个必要条件是,在每一点,$[P_1, P_2]$ 是 P_1 和 P_2 的线性组合;参阅[12] 的 6.1 节.

下面的 $\mathbf{R}^2$ 中的算子或许是上面的条件不成立的最简单的情形:

$$P = \frac{\partial}{\partial x} + \mathrm{i}x\frac{\partial}{\partial y}, \tag{1.7}$$

这里 $P_1 = \frac{\partial}{\partial x}, P_2 = x\frac{\partial}{\partial y}$,且 $[P_1, P_2] = \frac{\partial}{\partial y}$,除了在 $x = 0$ 上之外,处处皆为 P_1 和 P_2 的线性组合. 不可解方程的很多简单的例子已发表了.

现在我们来描述由 Grushin[11] 给出的一个例,它是 Garabedian[10] 的一个例的修改. 它是关于下述方程的

$$\frac{\partial w}{\partial x} + \mathrm{i}x\frac{\partial w}{\partial y} = f(x, y). \tag{1.8}$$

首先我们注意,如 $f(x, y)$ 是实解析的(即 $\mathrm{Re}\, f$ 和 $\mathrm{Im}\, f$ 是解析的),则从 Cauchy - Kowalewski 定理得到,(1.8) 在原点的一个邻域中有解析解. 而且,若 f 是 C^∞ 函数,则从前面的讨论知道,在任一不在 y 轴上的点的一邻域中,(1.8) 是可解的.

不可解的例　令 $D_n, n = 1, 2, \cdots$,是 (x, y) 平面的右半平面 $(x > 0)$ 中的闭的不交的圆盘的一个任意的序列,D_n 的中心在 $(x_n, 0)$,这里 $x_n > 0$,且 $x_n \to 0$. 设 $f(x, y)$ 是一任意选择的具有紧支集的 C^∞ 函数,它是 x 的偶函数,在 D_n 外且 $x \geqslant 0$ 处等于零,并且使

$$\iint_{D_n} f\,\mathrm{d}x\,\mathrm{d}y \neq 0 \qquad n = 1, 2, \cdots,$$

这样的函数 f 容易被构造出来.

定理 1　如果f满足上面的条件,那么在原点的任一邻域中,(1.8) 没有属于 C^1 的解.

这个定理的证明容易加以推广(参看[11]),去证明在原点的任一邻域中不存在广义函数解.

证明　假设w是(1.8) 在原点的某一邻域Ω中的解. 把w分解为$w = u + v$,作为关于x的它的奇部和偶部的和. 因为f关于x是偶的,我们看到,方程(1.8) 的偶部是

$$\frac{\partial u}{\partial x} + \mathrm{i}x\frac{\partial u}{\partial y} = f. \tag{1.9}$$

特别,在$x \geqslant 0$中(1.9) 成立,同时,$u(0,y) = 0$. 若在区域$x \geqslant 0$中我们引进新的变量$s = \frac{x^2}{2}$,则$\frac{\partial}{\partial s} = x^{-1}\frac{\partial}{\partial x}$,因此,(1.9) 除以$x$后我们得到

$$\begin{cases}\dfrac{\partial u}{\partial s} + \mathrm{i}\dfrac{\partial u}{\partial y} = \dfrac{1}{\sqrt{2s}}f(\sqrt{2s},y) & s \geqslant 0,\\ u = 0, & s = 0.\end{cases}$$

这样,u在圆盘D_n的外部满足齐次 Cauchy - Riemann 方程$\frac{1}{2}(\frac{\partial u}{\partial s} + \mathrm{i}\frac{\partial u}{\partial y}) = 0$,因此$u$是复变量$s + \mathrm{i}y$的一个全纯函数. 因为这些圆盘的并集的余集是连通的,且因为在$s = 0$上$u = 0$,从关于全纯函数的著名的唯一性定理我们推得,在圆盘D_n的外部$u \equiv 0$. 特别,在每一圆盘D_n的边界上$u = 0$. 但是,如果我们对(1.9) 应用 Green 公式,则得到

$$\iint_{D_n} f\,\mathrm{d}x\,\mathrm{d}y = \iint_{D_n}(u_x + \mathrm{i}xu_y)\,\mathrm{d}x\,\mathrm{d}y = \oint_{\partial D_n}(u\,\mathrm{d}y - \mathrm{i}xu\,\mathrm{d}x) = 0,$$

这与我们的假设矛盾. 证毕.

近年来,非齐次纯量(复) 方程的局部可解性问题已经有很多的研究. 例如可参阅[28],[8],[17] 和[34],在那里可以找到更多的文献.

2.　齐次方程

在由 Lewy[22] 给出的不可解方程的例——$Pu = f$在$\mathbf{R}^3$内——中,方程在任一开集中无解. 正如 Lewy 指出的,它有下述奇怪的推论:在任一开集中,方程$(P - f)u = 0$的唯一解u是$u \equiv 0$. 因为若在某一开集中$u \neq 0$,则在那里$w = \log u$是方程$Pw = f$的一个解. 因此,Lewy 提出下述问题:一阶齐次方程

$$Pw = \sum a^j\frac{\partial w}{\partial x^j} = 0,\ \sum |a^j| \neq 0$$

是否恒有局部非平凡解,或是否存在这样的算子,对此算子,$w \equiv$ 常数是唯一的局部解.

这个有趣的问题的提出也与 Lewy 的另一篇论文[21] 有关,我想叙述一下这篇论文的主要结果. 也可以参阅[13] 中的定理 2. 6. 13. 令 P 是 $\mathbf{R}^3$ 的原点的某一邻域 Ω 中的复系数一阶算子

$$P = \sum_1^3 a^j \frac{\partial}{\partial x^j} = P_1 + \mathrm{i}P_2,\ \sum |a^j| \neq 0,$$

其中,P_1,P_2 和$[P_1,P_2]$ 线性无关. 假设 z 和 w 是 $Pw = 0$ 在 Ω 中的两个 C^2 解,它们的梯度是线性无关的(在复域上). 显然,z 和 w 的任一全纯函数 $h(z,w)$ 也是此齐次方程的一个解. 用 S 表示由$(z(x),w(x))$ 所得到的 $\mathbf{C}^2$ 中的三维曲面;由上面的条件,不难看出,S 是一个正规曲面. 令 u 是 $Pu = 0$ 在 Ω 中的一个 C^1 解. 因此不妨认为 u 是 S 上的函数,并且,u 可以被延拓到 $\mathbf{C}^2$ 中 S 的一侧(S 是强拟凸的(strongly pseudo - convex),仅依赖于 P,z,w),作为(z,w) 的全纯函数. 反之,在 S 的任一侧 S_+ 中的(z,w) 的任一全纯函数 u,在 $S_+ \cup S$ 中它属于 C^1,则在 S 上满足 $Pu = 0$.

这样,这个结果导致下述问题:我们能否找到具有线性无关梯度的 $Pw = 0$ 的两个解?或者,能否找到一个使 $\mathrm{grad}\ w \neq 0$ 的解 w?这后一问题是与这样的问题密切相关的:找新的自变量,记为 x,y,t,有 $x + \mathrm{i}y = w$,使 P 取作简单的形式

$$P = \lambda\left(\frac{\partial}{\partial \overline{w}} + \sigma \frac{\partial}{\partial t}\right),\ \lambda \neq 0. \tag{2.1}$$

事实上,如果 w 是 $Pw = 0$ 的一个解,且 $\mathrm{Re}\ \mathrm{grad}\ w$ 和 $\mathrm{Im}\ \mathrm{grad}\ w$ 线性无关,那么,$\mathrm{Re}\ w$,$\mathrm{Im}\ w$ 和第三个实变量 t 即可作为新的自变量而被引进,因此 P 必定有形式(2. 1).

我们将介绍一个 $\mathbf{R}^2$ 中的算子 $P = P_1 + \mathrm{i}P_2$,其中 P_1,P_2 和$[P_1,P_2]$ 线性无关,并使得最后一个问题的回答是否定的. 在介绍前,让我们看一个形为

$$P = \frac{\partial}{\partial x} + \mathrm{i}x\rho(x,y)\frac{\partial}{\partial y} \tag{2.2}$$

的 $\mathbf{R}^2$ 中算子 $P = P_1 + \mathrm{i}P_2$ 的简单的例子,它使得$[P_1,P_2]$ 不是 P_1 和 P_2 的线性组合,这里 ρ 是原点的某一邻域中正的 C^∞ 函数. 一个类似的问题是,是否能局部地找到新的自变量(ξ,η),使该算子变成方程(1. 7)——$\frac{\partial}{\partial \xi} + \mathrm{i}\xi\frac{\partial}{\partial \eta}$——的倍数,即 $\rho = 1$,如果能够的话,那么 $w = \frac{\xi^2}{2} + \mathrm{i}\tau$ 将是

$$Pw = 0,\ \mathrm{grad}\ w(0,0) \neq 0 \tag{2.3}$$

的一个解.

我们将构造一个特殊的 C^∞ 正函数 ρ,使得在原点的某一邻域中 $Pw = 0$ 的

唯一解 w 是 $w \equiv$ 常数①. 函数 $\rho(x,y)$ 是这样的形式

$$\rho(x,y) = 1 + x\phi(x,y), \tag{2.4}$$

其中 ϕ 是一个非负 C^∞ 函数,它对 x 而言是偶函数,在一相互不交的圆盘序列 $D_j^{m,n}$ 的内部是正的,在 $D_j^{m,n}$ 的并集的外部的属于 $x \geqslant 0$ 的部分中 $\phi = 0$. 我们将在 $x \geqslant 0$ 中描述 ϕ;它在 $x = 0$ 上将是无穷阶地消失,因此它可作为 x 的偶函数被延拓到 $x < 0$ 处. 对于正整数 m,n,j, $D_j^{m,n}$ 是两两不交的闭圆盘,对每对固定的 (m,n),它们满足下述条件:

(i) $D_j^{m,n}$ 的圆心的纵坐标等于 $\frac{1}{n}$②;

(ii) 对于 $D_j^{m,n}(j = 1,2,\cdots)$ 中的任何 (x,y), $\frac{1}{m} < x < \frac{1}{m-1}$;

(iii) 当 $j \to \infty$ 时, $D_j^{m,n}$ 的圆心的横坐标递减于 $\frac{1}{m}$.

容易构造这样的圆盘序列,我们看到,对固定的 (m,n), $D_j^{m,n}$ 收敛于点 $\left(\frac{1}{m},\frac{1}{n}\right)$. 给出 $D_j^{m,n}$ 后,容易构造出具有上面所描述的所希望的性质的 ϕ.

定理2 令 ρ 由(2.4)确定,其中 ϕ 有上述性质,则在原点的邻域中, $Pw = 0$ 的任何一个属于 C^1 的解 w 必定恒等于常数.

定理2的证明,很容易加以推广至对于任何广义函数解,同样的结论仍成立.

证明 我们可以假设 w 在一圆心在原点的开圆盘 D 中被确定. 因为 P 对于 $x \neq 0$ 是椭圆的,因此对于 $x \neq 0$,函数 $w \in C^\infty$,我们写成

$$w = u + v,$$

其中 u 和 v 是关于变量 x 的 w 的奇部和偶部. 方程 $Pw = 0$ 的偶部为

$$u_x + \mathrm{i}xu_y = -\mathrm{i}x^2\phi v_y. \tag{2.5}$$

如果我们只考虑 $x \geqslant 0$,并令 $s = \frac{x^2}{2}$,则在除以 x 后我们就得到

$$u_s + \mathrm{i}u_y = -\mathrm{i}\sqrt{2s}\phi(\sqrt{2s},y)v_y, \quad s \geqslant 0,$$

并得到,在 $s = 0$ 上 $u = 0$. 因此,在连通集 $\Omega - D\backslash(\overline{\cup D_j^{m,n}})$ 中,当 $s > 0$ 时, u 是 $s + \mathrm{i}y$ 的全纯函数,并且,在负 y 轴上 $u = 0$;因此在 Ω 中 $u \equiv 0$. 特别, u 和它的各阶导数在圆盘 $D_j^{m,n}$ 的边界上都等于零.

---

① 鉴于这个例子,我愿意感谢 F. Treves,因为他与我进行了一次很有帮助的讨论. 这个例子多少有点模仿上面的 Grushin 的例子.

② 原文的条件(i)中为“圆心的坐标”;现根据条件(ii)、(iii),已在条件(i)中改为“圆心的纵坐标”.——译者注

现在我们将证明，对 $m,n = 1,2,\cdots$ 有

$$v_y\left(\frac{1}{m},\frac{1}{n}\right) = 0. \tag{2.6}$$

假如相反，设对某些 $m,n,v_y(\frac{1}{m},\frac{1}{n}) \neq 0$. 对于大的 j，在 $D_j^{m,n}$ 上积分方程(2.5)；由 Green 公式，有

$$0 = \iint_{D_j^{m,n}} (u_x + \mathrm{i}xu_y)\mathrm{d}x\,\mathrm{d}y = -\mathrm{i}\iint_{D_j^{m,n}} x^2\phi v_y \mathrm{d}x\,\mathrm{d}y. \tag{2.7}$$

然而，对于大的 j，对于 $D_j^{m,n}$ 中的 (x,y)，$\arg v_y(x,y)$ 接近 $\arg v_y(\frac{1}{m},\frac{1}{n})$，且对于 $\arg x^2\phi v_y$ 也有同样的事实，这就证明了(2.7) 是不可能的. 因此(2.6) 成立. 方程 $Pw = 0$ 关于 x 的奇部有形式

$$v_x + \mathrm{i}xv_y = -\mathrm{i}x^2\phi u_y, \tag{2.8}$$

因此我们也得到

$$v_x\left(\frac{1}{m},\frac{1}{n}\right) = 0.$$

现在令 $n\to\infty$，则点列$(\frac{1}{m},\frac{1}{n})$ 收敛于$(\frac{1}{m},0)$，因此我们得到：v 对于 y 的各阶导数在$(\frac{1}{m},0)$ 处为零. 因为 ϕ 在那里无穷阶地消失，因此对(2.8) 重复求导数即得：v 的所有导数在$(\frac{1}{m},0)$ 处为零. 因而 w 的所有导数在$(\frac{1}{m},0)$ 处也为零. 然而，当 $x>0$ 时方程 $Pw = 0$ 是椭圆的，因此正如我们第 1 节中所描述的，解 w 在$(\frac{1}{m},0)$ 的一邻域中是适当的局部坐标的全纯函数. 因而，当 $x>0$ 时有

$$w(x,y) \equiv w(\frac{1}{m},0).$$

类似地，我们看到，当 $x<0$ 时有 $w(x,y) =$ 常数，这样，由连续性，在 D 中 $w(x,y) \equiv$ 常数. 证毕.

问题 1 这个例子导致一个奇怪的唯一性问题，在圆盘 $D_j^{m,n}$ 的任一个中，函数 u,v 满足耦合的(coupled) 椭圆组

$$\begin{cases} u_x + \mathrm{i}xu_y = -\mathrm{i}x^2\phi v_y, \\ v_x + \mathrm{i}xv_y = -\mathrm{i}x^2\phi u_y, \end{cases}$$

并且，u 及其所有导数在圆盘的边界上为零. 鉴于在此圆盘中 $\phi>0$ 这一事实，我们能否证明：在此圆盘中 $u\equiv 0$ 和 $v\equiv$ 常数？注意，如果 $\phi\equiv 0$，则回答是否定的，因为此时 $u\equiv 0$，而 v 可以是 $v_x + \mathrm{i}xv_y \equiv 0$ 的任何解.

问题 2　对于那些可以变为$\frac{\partial}{\partial x}+\mathrm{i}x\frac{\partial}{\partial y}$的(非零)倍数的一阶算子,是否有某种刻画它们的方法?

我怀疑问题 2 会有肯定的答案;我不相信我们可以通过有限个不变量来刻画这些算子. 因为如果(2.2)中的 ρ 是实解析的, 那么, 根据 Cauchy - Kowalewski 定理,在原点的一个邻域中存在一个使得 $w(0,y)=\mathrm{i}y$ 的 $Pw=0$ 的解 w. 因此,$w_x(0,y)=0$,$w_{xx}(0,y)=\rho$. 但是,$\sqrt{2\mathrm{Re}\,w}$(带有依赖于 x 的 ±)和 $\mathrm{Im}\,w$ 可作为新的自变量被引入,此时 P 取为所要求的简单的形式.

3.　高维空间中的齐次方程

现在转到坐标为 x,y,t 的三维的情形;令

$$x+\mathrm{i}y=z=r\mathrm{e}^{\mathrm{i}\theta},$$

我们将构造一个在原点的一邻域中使 $P_1,P_2,[P_1,P_2]$ 线性无关的算子 $P=P_1+\mathrm{i}P_2$,并使得,如果 w 是 $Pw=0$ 在原点的一邻域中的 C^∞ 解,则 w 的各阶导数在原点处为零. 这个例子否定地回答了第 8 页上的一个问题①.

在 r,t 平面中,对于所有的正整数 k,n,j,令 $B^n_{k,j},D^n_{k,j}$ 是圆心在正 r 轴上的闭圆盘,它们两两不交,且对固定的 k,n,它们满足:

(i) 对于 $B^n_{k,j}$ 中或 $D^n_{k,j}$ 中($j=1,2,\cdots$)任意的(r,t),有$\frac{1}{n}<r<\frac{1}{n-1}$;

(ii) 当$j\to\infty$ 时,$B^n_{k,j}$ 和 $D^n_{k,j}$ 的圆心的 r 坐标递减于$\frac{1}{n}$.

对于这些圆盘的这样给出的分布,令 $\tilde{\phi},\tilde{\psi}$ 是非负 C^∞ 函数,使得 $\tilde{\phi}$ 在每个 $B^n_{k,j}$ 的内部是正的,在 $B^n_{k,j}$ 的并集的外部恒等于零;同时,$\tilde{\psi}$ 在每个 $D^n_{k,j}$ 的内部是正的,在 $D^n_{k,j}$ 的并集的外部恒等于零. 对于 $k=1,2,\cdots$,令 P_k(相应地,Q_k)表示 $\cup_{n,j}B^n_{k,j}$(相应地,$\cup_{n,j}D^n_{k,j}$)的特征函数,并令 $\phi_k=\mathrm{e}^{-k^2}P_k\tilde{\phi}$,$\psi_k=\mathrm{e}^{-k^2}Q_k\tilde{\psi}$. 注意,函数 $\phi_k,\psi_l(k=1,2,\cdots;l=1,2,\cdots)$ 中的任何两个,都不能在同一点都取正值.

我们的算子是 Lewy 例(1.6)的一个修改. 对于

$$z=x+\mathrm{i}y=r\mathrm{e}^{\mathrm{i}\theta},$$

有

---

① 最近,作者作出了一个类似的算子 P,在原点的任一邻域中 $w\equiv$ 常数为它的唯一的 C^1 解. 这个算子是比较复杂的,将在别处发表.(此例已发表:*On a question of Hans Lewy.* Uspehi Mat. Nauk Vol. 292(176),(1974),pp. 241 - 251.——译者注)

$$\frac{\partial}{\partial \bar{z}} = \frac{1}{2}\left(\frac{\partial}{\partial x} + \mathrm{i}\frac{\partial}{\partial y}\right) = \frac{\mathrm{e}^{\mathrm{i}\theta}}{2}\left(\frac{\partial}{\partial r} + \frac{\mathrm{i}}{r}\frac{\partial}{\partial \theta}\right).$$

我们定义 C^{∞} 函数

$$\phi(x,y,t) = \sum_{1}^{\infty} z^{-k}\phi_k(r,t), \tag{3.1}$$

$$\psi(x,y,t) = \frac{1}{\mathrm{i}}\sum_{1}^{\infty} z^{-k-1}\psi_k(r,t), \tag{3.2}$$

并令

$$P = \frac{\partial}{\partial \bar{z}} + \mathrm{i}z\frac{\partial}{\partial t} + z\phi\frac{\partial}{\partial t} + z\psi\frac{\partial}{\partial \theta} \equiv \frac{\partial}{\partial \bar{z}} + \mathrm{i}z\frac{\partial}{\partial t} + z\phi\frac{\partial}{\partial t} + \mathrm{i}z\psi\left(z\frac{\partial}{\partial z} - \bar{z}\frac{\partial}{\partial \bar{z}}\right). \tag{3.3}$$

注意,若记 $P = P_1 + \mathrm{i}P_2$,则算子 $P_1, P_2, [P_1, P_2]$ 在原点是线性无关的.

定理3 若在包含原点的一个开球 B 中,w 是 $Pw = 0$ 的一个 C^{∞} 解,则它的各阶导数在原点处为零.

证明 把方程 $Pw = 0$ 用坐标(r,θ,t) 写出,我们得到

$$\frac{1}{2}\frac{\partial w}{\partial r} + \frac{\mathrm{i}}{2r}\frac{\partial w}{\partial \theta} + \mathrm{i}r\frac{\partial w}{\partial t} + r\phi\frac{\partial w}{\partial \mathrm{i}} + r\psi\frac{\partial w}{\partial \theta} = 0. \tag{3.4}$$

把 w 展开成 θ 的 Fourier 级数

$$w = \sum_{-\infty}^{\infty} w_j(r,t)\mathrm{e}^{\mathrm{i}j\theta},$$

并把它代入方程(3.4). 这样,对每个整数 j,我们得到关于 $\mathrm{e}^{\mathrm{i}j\theta}$ 前面的 Fourier 系数的方程

$$\frac{1}{2}\frac{\partial w_j}{\partial r} - \frac{j}{2r}w_j + \mathrm{i}r\frac{\partial w_j}{\partial t} + r\sum_{k=1}^{\infty}\phi_k(r,t)r^{-k} - \frac{\partial w_{j+k}}{\partial t} + r\sum_{k=1}^{\infty}\psi_k(r,t)r^{-k-1}(j+k+1)w_{j+k+1} = 0. \tag{3.5}$$

如果我们令

$$v_j = r^{-j}w_j(r,t),$$

并用 r^{-j-1} 乘以(3.5),则对每个整数 j,我们就得到

$$\frac{1}{2r}\frac{\partial}{\partial r}v_j + \mathrm{i}\frac{\partial}{\partial t}v_j + \sum_{1}^{\infty}\phi_k\frac{\partial}{\partial t}v_{j+k} + \sum_{1}^{\infty}\psi_k(j+k+1)v_{j+k+1} = 0. \tag{3.6}$$

注意,当 $j < 0$ 时有 $v_j(0,t) = 0$. 令 $\rho = r^2$,我们有

$$\left(\frac{\partial}{\partial \rho} + \mathrm{i}\frac{\partial}{\partial t}\right)v_j + \sum_{1}^{\infty}\phi_k\frac{\partial}{\partial t}v_{j+k} + \sum_{1}^{\infty}\psi_k(j+k+1)v_{j+k+1} = 0. \tag{3.7}$$

在(r,t) 平面中,集合 $\Omega = B\backslash\{(\cup B_{k,j}^n) \cup (\cup D_{k,j}^n)\}$ 是开的和连通的,根据(3.7),当 $\rho > 0$ 时每个函数 v_j 在 Ω 中是 $\rho + \mathrm{i}t$ 的全纯函数. 因为对于 $j < 0$,

函数 v_i 在 $\rho = 0$ 处(特别,在负 t 轴上) 为零,这就得到

$$v_j \equiv 0, \quad 在 \Omega 中, j < 0.$$

因而,当$j < 0$时,函数 v_j 及其各阶导数在圆盘 $B_{k,j}^n, D_{k,j}^n$ 的边界上为零. 现在考虑 $j = -1$ 的方程(3.6)(乘以 r 以后);

$$\frac{1}{2}\left(\frac{\partial}{\partial r} + \mathrm{i}r\frac{\partial}{\partial t}\right)v_{-1} + r\sum_1^{\infty}\phi_k\frac{\partial}{\partial t}v_{k-1} + r\sum_1^{\infty}\psi_k k v_k = 0. \tag{3.8}$$

我们将证明,当 $k \geqslant 1$ 时,函数 v_{k-1} 的一阶导数及函数 v_k,在 B 中的点$(\frac{1}{n},0)$ 处都为零.

首先,我们假设,对某个 n 和 $k \geqslant 1$ 有

$$\frac{\partial v_{k-1}}{\partial t}(\frac{1}{n},0) \neq 0.$$

在 $B_{k,j}^n$(为了方便,我们用 b 表示它) 上积分(3.8):

$$\iint_b r\phi_k\frac{\partial}{\partial t}v_{k-1}\mathrm{d}r\ \mathrm{d}t = -\frac{1}{2}\iint_b\left(\frac{\partial}{\partial r} + \mathrm{i}r\frac{\partial}{\partial t}\right)v_{-1}\mathrm{d}r\ \mathrm{d}t = 0. \tag{3.9}$$

然而, 对于大的 j, 当 (r,t) 在 $B_{k,j}^n$ 的内部时,$\arg(r\phi_k\frac{\partial}{\partial t}v_{k-1})(r,t)$ 接近 $\arg(\frac{\partial}{\partial t}v_{k-1})(\frac{1}{n},0)$. 显然,此时(3.9) 是不可能的. 因此

$$\frac{\partial}{\partial t}v_{k-1}\left(\frac{1}{n},0\right) = 0, \quad k \geqslant 1.$$

从微分方程(3.6) 我们还得到:对于 $k \geqslant 1$ 有

$$\frac{\partial}{\partial r}v_{k-1}(\frac{1}{n},0) = 0.$$

在 $D_{k,j}^n$ 上施行积分,由类似的推理得到

$$v_k(\frac{1}{n},0) = 0, \quad k \geqslant 1$$

现在令 $n \to \infty$,则点列$(\frac{1}{n},0)$ 趋于$(0,0)$,因而推得:对于 $k \geqslant 1$,v_k 以及 v_{k-1} 对 r 的各阶导数在$(0,0)$ 处为零. 从$j \geqslant 0$ 时的微分方程(3.6) 得到,当 $k \geqslant 1$ 时,v_{k-1} 的各阶导数在$(0,0)$ 处为零,并且 $v_k(0,0) = 0$. 对于 w_k,同样的事实亦必成立;即,当 $k \geqslant 1$ 时,w_k 以及 w_{k-1} 的各阶导数在$(0,0)$ 处为零. 回忆到在 $k < 0$ 时 w_k 及其所有导数在$(0,0)$ 处为零,我们即看到,函数

$$w(x,y,t) = \sum_{-\infty}^{\infty} w_k(r,t)\mathrm{e}^{\mathrm{i}k\theta}$$

的所有导数在原点为零. 证毕.

我们在定理 3 中给出的例可被略微地简化. 然而我们把它提成这样的形

式，因为它还能被用来回答第 8 页上的另一个问题. 设 $Pz=0$ 有使 Re grad z 和 Im grad z 线性无关的解 z. 能否找到另一解 w，使 grad w 和 grad z 线性无关？回答也是否定的，这样的例由在其中用零代替 ψ 的 P 给出；这时，z 是一个解.

定理 3′ ϕ 如上面定义；考虑算子

$$P' = \frac{\partial}{\partial \bar{z}} + \mathrm{i}z\frac{\partial}{\partial t} + z\phi\frac{\partial}{\partial t}. \qquad (3.3)'$$

如果在包含原点的一个开球 B 中，w 是 $P'w=0$ 的一个 C^∞ 解，则$\frac{\partial w}{\partial t}$和$\frac{\partial w}{\partial \bar{z}}$在原点处无穷阶消失.

证明 由定理 3 的证明我们得到，当 $k<0$ 时，$v_k(r,t)$ 在$(0,0)$ 处无穷阶消失，且当 $k\geqslant 0$ 时，同样的事实对于$\frac{\partial v_k}{\partial t}$和$\frac{\partial v_k}{\partial r}$也成立. 因为 $w_k=r^k v_k$，于是下面一些函数在 $r=t=0$ 处无穷阶消失：w_k，当 $k<0$ 时；$\frac{\partial w_k}{\partial t}$和$\frac{\partial w_k}{\partial r}-\frac{k}{r}w_k$，当 $k\geqslant 0$ 时. 因此，当 $k\geqslant 0$ 时

$$\frac{\partial}{\partial \bar{z}}(w_k \mathrm{e}^{\mathrm{i}k\theta}) = \frac{\mathrm{e}^{\mathrm{i}(k+1)\theta}}{2}\left(\frac{\partial w_k}{\partial r}-\frac{k}{r}w_k\right)$$

也在 $r=t=0$ 处无穷阶消失. 因为 $w=\sum_{-\infty}^{\infty} w_k \mathrm{e}^{\mathrm{i}k\theta}$，定理的结论即得到了.

在第 2 节的开始，我们描述了 $\mathbf{R}^3$ 中的一个算子 P，它和 $\mathbf{C}^2$ 中 Cauchy - Riemann 方程在一超曲面 S 上的限制有关系. 让我们看一下在具有复坐标 $z^1,\cdots,z^n$ 的 $\mathbf{C}^n$ 中的相应的情形. 令 S 是一 C^∞ 超曲面，即实 $2n-1$ 维的曲面，局部的由一方程 $r=0$ 给出，其中 r 是一使得 grad $r\neq 0$ 的实 C^∞ 函数. 用 Ω 表示 $\mathbf{C}^n$ 中 S 的一侧（局部地）. 如果 f 在 Ω 中是全纯的，并且在 $\Omega\cup S$ 中属于 C^1，那么它在 S 上的限制在 S 上满足导出（induced）Cauchy - Riemann 方程

$$P_{ij}f \equiv r_{\bar{z}^i}f_{\bar{z}^j} - r_{\bar{z}^j}f_{\bar{z}^i} = 0,\ i\neq j.$$

因为 $P_{ij}r=0$，因而算子 P_{ij} 作为作用在 S 上的函数的算子是可以定义的. 譬如说，如果 $r_{\bar{z}^n}\neq 0$，那么 $n-1$ 个算子 $P_j=P_{nj}(j<n)$ 对于所有的 P_{ij} 构成一个基. 从算子 P_j 的形式容易验证

P_j 中的任何两个的交换子是 $P_1,\cdots,P_{n-1}$ 的一个线性组合 (3.10)

如果用 $\overline{P}_j$ 表示把其系数换成它们的复共轭的算子 P_j，那么存在一个实向量场 T（不是唯一的），使得

$P_1,\cdots,P_{n-1},\overline{P}_1,\cdots,\overline{P}_{n-1},T$ 生成 S 上所有的向量场. (3.11)

如果我们考虑交换子$[P_j,\overline{P}_k]=P_j\overline{P}_k-\overline{P}_kP_j$，我们就看到，对于 S 上适当的系数 a_{jk}^m 和有性质

$$c_{jk} = \bar{c}_{kj}$$

的 c_{jk}，有

$$[P_j, \bar{P}_k] = \frac{1}{\mathrm{i}} c_{jk} T + \sum_{m=1}^{n-1} (a_{jk}^m P_m - \overline{a_{kj}^m P_m})$$

由具有上面性质的 c_{jk} 决定的 Hermite 形式称为 Levi 形式，当它是正(或负) 定时，S 在 $\mathbf{C}^n$ 中的一侧(或另一侧) 是强拟凸的.

和第 8 页上的问题类似的一个问题如下所述.

问题　当给定在 $\mathbf{R}^{2n-1}$ 的某点的一个邻域中满足(3.10) 和(3.11) 的 $n-1$ 个线性无关的算子 $P_1, \cdots, P_{n-1}$ 后，由它们张成的算子的空间能否被 $\mathbf{C}^n$ 中的 Cauchy - Riemann 方程在一超曲面上的限制所生成的空间所表现?或者

$$P_j z^k = 0,\quad j = 1, \cdots, n-1; k = 1, \cdots, n \tag{3.12}$$

是否存在 n 个具有线性无关梯度的复解 z^k?

定理 3 的例证明了，当 $n = 2$ 时，回答是否定的. 它还证明了，在一般的情形，回答也是否定的. 例如，当 $n = 3$ 时，取 x, y, t, ξ, η 作为自变量，我们考虑算子 P, L：P 由(3.3) 给出，$L = \frac{1}{2}\left(\frac{\partial}{\partial \xi} + \mathrm{i}\frac{\partial}{\partial \eta}\right)$. 显然，$\zeta = \xi + \mathrm{i}\eta$ 满足

$$P\zeta = 0,\ L\zeta = 0.$$

然而，在原点的邻域中，不存在其梯度与 $\operatorname{grad} \zeta$ 无关的别的解 u. 在此情形，若我们选取 $T = \partial / \partial t$，则矩阵 c_{jk} 只有一个非零特征值.

J. J. Kohn[19] 得到了关于整体问题的存在性定理，在此问题中，$P_1, \cdots, P_{n-1}$ 被给出在一个整体的 $2n-1$ 维紧致流形上($n \geqslant 3$)，对于这些算子，Levi 形式是正定的. 他提出，若矩阵 c_{jk} 是正定的，局部问题(3.12) 仍可有无关的解. 这个问题仍未被解决.

4. 几乎(almost) 复结构的可积性

在前面几节中，我们讨论了化一阶方程 $Pw = 0$ 为较简单的形式的问题. 特别，正如我们在第 1 节中注意到的，若 $n = 2$ 和 $P = P_1 + \mathrm{i}P_2$，其中 P_1 和 P_2 线性无关(或者，等价地，P 和 $\bar{P}$ 线性无关)，则此方程就是在适当的局部坐标下的 Cauchy - Riemann 方程组.

与 C^n 中的 Cauchy - Riemann 方程组

$$\frac{\partial w}{\partial \bar{z}^j} = 0,\quad j = 1, \cdots, n$$

相联系，类似的问题自然地产生了. 在某些别的坐标系下我们如何识别这些方程?即，在 $\mathbf{R}^{2n}$ 的原点的一个邻域中给定 n 个一阶算子

$$P_j = \sum_1^{2n} a_j^k \frac{\partial}{\partial x^k}, \quad j = 1, \cdots, n, \tag{4.1}$$

并且 $P_1, \cdots, P_n, \overline{P}_1 \cdots, \overline{P}_n$ 线性无关,在什么情形能够引进新的局部坐标 $\xi^1, \cdots, \xi^{2n}$,使方程组

$$P_j w = 0, \quad j = 1, \cdots, n$$

等价于 Cauchy - Riemann 方程组($\zeta^j = \xi^j + \mathrm{i}\xi^{j+n}$)

$$\frac{\partial}{\partial \overline{\zeta}^j} w = 0, \quad j = 1, \cdots, n.$$

我们说,这样的一个算子组 $P_1, \cdots, P_n$ 确定了一个几乎复结构. 为了方便,我们假设它们的所有系数都是 C^∞ 的.

如果 $P_j (j = 1, \cdots, n)$ 是算子 $\frac{\partial}{\partial \overline{\zeta}^k}$ 的线性组合,那么它们必须满足下述条件:对任何 j, k

$$[P_j, P_k] \text{ 是 } P_1, \cdots, P_n \text{ 的线性组合.} \tag{4.2}$$

定理 4 "可积"条件(4.2)也是充分的.

在证明中,新坐标 $\zeta^1, \cdots, \zeta^n$ 是方程组

$$P_j \zeta = 0, \quad j = 1, \cdots, n \tag{4.3}$$

的独立的解. 此定理有三个本质上不同的证明已被给出. 首先,Newlander 和 Nirenberg[25](也可参看[26])在某种意义上模仿在第1节中用的方法,即,引进类似于特征方程(1.2)的方程,寻求 $x^1, \cdots, x^{2n}$. 作为"特征坐标"$\zeta^1, \cdots, \zeta^n$ 的函数. 所得到的要求解的方程组是非线性的. Kohn[18] 用由 D. C. Spencer 首先提示的完全线性化的方法解决了这个问题,也可参阅[13]中的第 5.7 节. 在[24]中,Malgrange 提出了第三个——非线性的——证明,它是很巧妙的,在我看来,是很大胆的,在此我们将重述此证明.

Malgrange 的证明利用了一个事实:条件(4.2)在系数 a_j^k(即,它们的实部和虚部)是实解析时已知为充分的. 我们找(4.3)的用收敛幂级数给出的解析解;我们将简单地认为这是作为已知的. Malgrange 的证明还利用了一些关于非线性椭圆组的技术性的事实:(i)这样的解析组的解本身是解析的,(ii) N 个未知函数,N 个方程的非线性椭圆组总是局部可解的. 在给出这个证明之前,我们先不加证明地描述这些技术性的结果.

(i) 椭圆组的解的解析性　对于 N 个未知函数

$$u = (u^1(x), \cdots, u^N(x)),$$

考虑 N' 个($N' \geqslant N$)方程的 m 阶组

$$F_i(x, u, Du, \cdots, D^m u) = 0, \quad i = 1, \cdots, N'. \tag{4.4}$$

这里,$D^j u$ 用来表示 u 的各个 j 阶导数的集合;函数 F_j 被假设为它们的变元的光滑函数(在维数为变元的个数的空间的某个开集中). 方程组(4.4)称为对函数

u 是椭圆的，若下述线性算子组是椭圆的

$$L_i w = \sum_{\substack{|\alpha| \leq m \\ r \leq N}} \frac{\partial F_i}{\partial D^\alpha u^r}(x, u, \cdots, D^m u) D^\alpha w^r \equiv$$

$$\sum_{\substack{|\alpha| \leq m \\ r \leq N}} a_{i\alpha r} D^\alpha w^r, \quad i = 1, \cdots\cdots, N'. \tag{4.4$'$}$$

而组(4.4)′被称为椭圆的，若对每个向量 $\xi \in \mathbf{R}^n/\{0\}$ 和所有 x，下述矩阵 $\{\sigma_{ir}\}$

$$\sigma_{ir} = \sum_{|\alpha| = m} a_{i\alpha r} \xi^\alpha, \quad i = 1, \cdots, N'; r = 1, \cdots, N$$

的秩等于 N.

将被用到的众所周知的局部正则性定理断言，若 u 是(4.4)—— 它被假设为对 u 是椭圆的 —— 的一个属于 C^m 的解，又若 F_i 是其所有变元的解析函数，则此解 $u(x)$ 是解析的.

(ii) 局部解的存在性　假设 $N = N'$ 的方程组(4.4) 对某个函数 $u_0(x)$ 是椭圆的，并假设在某点 x_0，函数 u_0 满足方程组(F_i 是光滑的)

$$F_i(x_0, u_0(x_0), \cdots, D^m u_0(x_0)) = 0, \ i = 1, \cdots N.$$

那么，当 ε 充分小时，对 $|x - x_0| \leq \varepsilon$，存在(4.4) 的一个光滑解 u，使对适当的正常数 $\sigma < 1$ 和 C，有

$$|D^\alpha u(x) - D^\alpha u_0(x)| \leq C\varepsilon^{m-|\alpha|+\sigma}, \quad |\alpha| \leq m.$$

借助于对于只出现最高阶项的常系数椭圆方程的众所周知的估计，可以毫无困难地证明解的存在性. 我们不妨假设 $x_0 = 0$ 和 $u_0(x) \equiv 0$. 如果我们令 $x = \varepsilon y$ 和 $u(\varepsilon y) = v(y)$，则在 $|y| < 1$ 中关于 $v(y)$ 的要求解的方程可以写为

$$F_i(\varepsilon y, \varepsilon^{-|\alpha|} D_y^x v(y)) = 0.$$

我们把它重写为

$$L_i v \equiv \sum_{\substack{|\alpha| \leq m \\ j \leq N}} \frac{\partial F_i}{\partial D^\alpha u^j}(0, \cdots, 0) D_y^x v^j = L_i v - \varepsilon^m F_i(\varepsilon y, \varepsilon^{-|\alpha|} D_y^x v),$$

或者，略去下标，写为

$$Lv = Lv - \varepsilon^m F(\varepsilon y, \varepsilon^{-|\alpha|} D_y^x v).$$

利用椭圆组 L 的一个逆算子 Γ—— 它作为核是 L 的基本解的一积分算子而被得到，我们得到变换

$$v \to \Gamma[Lv - \varepsilon^m F(\varepsilon y, \varepsilon^{-|\alpha|} D_y^x v)]$$

的一个"不动点"(即，在此变换下，函数 v 映为它自已). 注意，右端当 $\varepsilon \to 0$ 时是 $O(\varepsilon)$. (可在 $C^{m+\sigma}$ 函数类中找到解，即具有直到 m 阶的连续导数，且 m 阶导数满足指数为 $\sigma < 1$ 的 Hölder 条件的函数.)

注　如果方程组 $Lv = f$ 关于球 $|y| < 1$ 的 Dirichlet 问题是适定的，则对于 $|x - x_0| < \varepsilon$，当 ε 充分小时，我们能找到(4.4) 的在边界上具有同一 Dirichlet 数据 u_0 的解 u.

现在我们转到由 Malgrange 给出的定理 4 的证明. 证明的思想是先作一自变量变换,使得新的系数是新坐标的解析函数,这样,就把问题化为已知的解析情形. 注意,可积条件(4.2) 不依赖于特别的局部坐标.

容易看出,在 $\mathbf{R}^{2n}$ 的原点的一邻域中,我们可以先引进具有 $z^j = x^j + ix^{j+n}(j = 1,\cdots,n)$ 的局部坐标 $x^1,\cdots,x^{2n}$,使得当 ζ 表示列向量

$$\zeta = \begin{pmatrix} \zeta^1 \\ \vdots \\ \zeta^n \end{pmatrix}$$

时. 组(4.3) 等价于下面的组

$$P_j\zeta \equiv \frac{\partial \zeta}{\partial \bar{z}^j} - \sum_i a_{ij}\frac{\partial \zeta}{\partial z^i} = 0,\quad j = 1,\cdots,n, \tag{4.3$'$}$$

其中 a_{ij} 在原点处二阶消失. 令 $z = (z^1,\cdots,z^n)$ 和表作行算子

$$\frac{\partial}{\partial \bar{z}} = \left(\frac{\partial}{\partial \bar{z}^1},\cdots,\frac{\partial}{\partial \bar{z}^n}\right),\ \frac{\partial}{\partial z} = \left(\frac{\partial}{\partial z^1},\cdots,\frac{\partial}{\partial z^n}\right)$$

是方便的,此时 ζ_z 和 $\zeta_{\bar{z}}$ 都是方阵;我们还用 A 表示矩阵 $\{a_{ij}\}$. 那么(4.3)$'$ 就取($n \times n$ 矩阵) 形式

$$\frac{\partial \zeta}{\partial \bar{z}} = \frac{\partial \zeta}{\partial z}A. \tag{4.3$''$}$$

可积条件(4.2) 现在取为一简单的形式:因为(4.3)$'$ 的算子的交换子 $[P_i,P_j]$ 完全不包含 $\frac{\partial}{\partial \bar{z}}$,所以唯一的方式就是它们都恒等于零,在此方式中它们可以是 $P_1,\cdots,P_n$ 的线性组合;这样

$$P_j a_{ik} = P_k a_{ij},\quad i,j,k = 1,\cdots,n,$$

或

$$a_{ik_{\bar{z}^j}} - a_{ij_{\bar{z}^k}} = \sum_r (a_{rj}a_{ik_{z^r}} - a_{rk}a_{ij_{z^r}}),\quad i,j,k = 1,\cdots,n. \tag{4.2$'$}$$

为了找满足(4.3)$'$ 的新的复坐标 ζ,正如我们在上面所指出的,其思想是找一个中间坐标变换 $h(z)$,并写为

$$\zeta = \zeta(h(z)).$$

由链规则(稍微滥用一下记号)

$$\zeta_{\bar{z}} = \zeta_h h_{\bar{z}} + \zeta_{\bar{h}}\bar{h}_{\bar{z}},$$
$$\zeta_z = \zeta_h h_z + \zeta_{\bar{h}}\bar{h}_z,$$

因而方程组(4.3)$''$ 取形式

$$\zeta_h h_{\bar{z}} + \zeta_{\bar{h}}\bar{h}_{\bar{z}} = (\zeta_h h_z + \zeta_{\bar{h}}\bar{h}_z)A,$$

或

$$\zeta_{\bar{h}}(\bar{h}_{\bar{z}} - \bar{h}_z A) = \zeta_h(h_z A - h_{\bar{z}}) \tag{4.5}$$

我们要求ζ和h都接近于恒等映射,$\zeta_h \sim I, \zeta_{\bar{h}} \sim 0, h_z \sim I, h_{\bar{z}} \sim 0$;那么$\bar{h}_{\bar{z}} - \bar{h}_z A$是可逆的. 因此我们可把(4.5)写作

$$\zeta_{\bar{h}} = \zeta_h B, \tag{4.6}$$

其中

$$B = (h_z A - h_{\bar{z}})(\bar{h}_{\bar{z}} - \bar{h}_z A)^{-1}. \tag{4.7}$$

因为可积条件不依赖于坐标,因此组(4.6)满足可积条件,即(4.2)′:

$$b_{ik_{\bar{h}^j}} - b_{ij_{\bar{h}^k}} = \sum_r (b_{rj} b_{ik_{h^r}} - b_{rk} b_{ij_{h^r}}), \tag{4.8}$$

这里B作为h坐标的函数而被考虑.

现在,$h(z)$的选择完全由我们所控制. 我们希望用这样的方式来选取h,即,使得矩阵B的元素作为h的函数是解析的. 这是做得到的:除了(4.8)之外,还要求$B(h)$满足另外n个方程,这n个方程与(4.8)一起组成一个椭圆组. 例如,我们要求

$$\sum_i b_{ji_{h^i}} = 0, \quad j = 1, \cdots, n. \tag{4.9}$$

如果b_{ij}很小,则我们可以直接验证:联立组(4.8),(4.9)在上面(i)的意义下是椭圆的,并且它显然是一个解析组——尽管原来的系数a_{ij}仅仅是C^∞的!因而,由(i)中所描述的正则性定理,b_{ij}自然是h坐标的(实)解析函数.

这样,为了完成证明,我们必须构造$h(z)$,使得n个方程(4.9)被满足,而此时(4.9)是作为对h的n个非线性偏微分方程被考虑的. 从(4.7),我们看到方程组(4.9)取形式

$$\sum_i \frac{\partial}{\partial h^i}[(h_z A - h_{\bar{z}})(\bar{h}_{\bar{z}} - \bar{h}_z A)^{-1}]_{ji} = 0, \quad j = 1, \cdots, n. \tag{4.9$'$}$$

这是一个二阶非线性组. 这里,我们记住

$$\frac{\partial}{\partial h^i} = \frac{\partial z^k}{\partial h^i}\frac{\partial}{\partial z^k} + \frac{\partial \bar{z}^k}{\partial h^i}\frac{\partial}{\partial \bar{z}^k}.$$

我们要求,对接近于原点的z,在上面(i)的意义下,对于函数$h(z) \equiv z$,组(4.9)′是椭圆的. 事实上,只需在原点处验证它就行了. 在原点,相应于(4.4)′的线性化了的方程组的二阶(主要)部分是

$$L_j h = -\sum_i h^j_{z^i \bar{z}^i}, \quad j = 1, \cdots, n,$$

它是椭圆的,因为$4\sum \frac{\partial}{\partial z^i}\frac{\partial}{\partial \bar{z}^i}$是Laplace算子. 而且,由于$A(z)$在原点处二阶消失这一条件,我们得到$h(z) \equiv z$在原点满足(4.9)′. 这样,我们可以应用(ii)的结果推得(4.9)′的具有$h_z \sim I, h_{\bar{z}} \sim 0$的局部解$h(z)$的存在性,这就完成了证明.

拟微分算子及其某些应用

第Ⅱ章

自从 Calderón 和 Zygmund 关于奇异积分算子的基本的工作之后,这种算子连同它们的种种推广 —— 现在统称为拟(pseudo)微分算子 —— 在线性偏微分方程的研究中已起着重要的作用.在第5节中,我们将给出拟微分算子的一个简短的介绍,同时,不加证明地列出它们的许多性质;在以下几节中,将把这些性质应用于几个不同的问题.拟微分算子的简单介绍可在 Friedrichs[9],Nirenberg[27],Calderón[3] 和[36]—— 特别,其中的 Seeley 的讲义 —— 中找到.Hörmander[16] 中也包含了拟微分算子的发展.Hörmander 的讲义[17] 中包含了很多结果,读者在其中还可看到拟微分算子近来发展的更多的文献.[36] 由有关拟微分算子和它们的应用的文章组成.

5. 拟微分算子

为了说明这种算子的由来,首先让我们用 Fourier 变换来表示偏微分算子.作用在定义于 $\mathbf{R}^n$ 中的那些"好" 函数 $u(x)$ 上的 Fourier 变换

$$u \mapsto \tilde{u}(\xi) = (2\pi)^{-\frac{n}{2}} \int_{R^n} e^{-ix\cdot\xi} u(x) \, dx \tag{5.1}$$

是 Schwartz S 类函数空间的一个同构,所谓 Schwartz S 类函数空

间,即 C^∞ 函数空间,这些 C^∞ 函数满足:

对所有 α,β, $|x|^\beta D_x^\alpha u(x)$ 是有界的,其逆变换是

$$u(x) = (2\pi)^{-\frac{n}{2}}\int_{R^n} e^{ix\cdot\xi}\tilde{u}(\xi)\,d\xi,$$

这里 $x\cdot\xi = \sum_1^n x^j\xi_j$. Parseval 定理断言,Fourier 变换可以被拓展为 L_2 上的一个等距变换,即,若 (u,v) 表示函数 $u(x)$, $v(x)$ 的 L_2 纯量积,则有 $(u,v) = (\tilde{u},\tilde{v})$. 除了 L_2 范数之外,对任何实 s,我们引进范数 $\|\ \|_s$ 来度量"一直到 s 阶微商的 L_2 范数"

$$\|u\|_s^2 = \int(1+|\xi|^2)^s|\tilde{u}(\xi)|^2 d\xi. \tag{5.2}$$

S 在这个范数下的完备化是一个 Hilbert 空间 H_s.

在(5.1)中进行分部积分我们看到,对于 $D_j = (\frac{1}{i})\frac{\partial}{\partial x^j}$,有 $\widetilde{D_j u} = \xi_j\tilde{u}$,以致有 $\widetilde{D^\alpha u} = \xi^\alpha\tilde{u}$,所以,若

$$P = P(x,D) = \sum_{|\alpha|\leqslant m} a_\alpha(x)D^\alpha$$

是一个 m 阶线性偏微分算子,我们就可以写为

$$\begin{aligned} P(x,D)u(x) &= (2\pi)^{-\frac{n}{2}}\int_{\mathbf{R}^n} e^{ix\cdot\xi}\sum_{|\alpha|\leqslant m} a_\alpha(x)\xi^\alpha\tilde{u}(\xi)\,d\xi = \\ &(2\pi)^{-\frac{n}{2}}\int_{\mathbf{R}^n} e^{ix\cdot\xi}P(x,\xi)\tilde{u}(\xi)\,d\xi = \qquad (5.3) \\ &(2\pi)^{-n}\int_{\mathbf{R}^n}\int_{\mathbf{R}^n} e^{i(x-y)\cdot\xi}P(x,\xi)u(y)\,dy\,d\xi \qquad (5.4) \end{aligned}$$

与算子 P 对应的(ξ 的)多项式 $P(x,\xi)$ 被称为 P 的(全(full))算符. 它是齐次多项式的和

$$P(x,\xi) = p_m(x,\xi) + p_{m-1}(x,\xi) + \cdots,$$

这里 p_j 是 ξ 的 j 次齐次多项式. 第一项 p_m 被称为主算符,并经常用 p 表示.

拟微分算子是用表达式(5.3)或(5.4)给出的算子,但是在这里算符 $P(x,\xi)$ 不再限制在 ξ 的多项式的范围内,而容许它是 $\mathbf{R}^n\times\mathbf{R}^n$ 上的一个 C^∞ 函数,这种 C^∞ 函数,当 $|\xi|$ 充分大时,好像 ξ 的齐次函数的一个和. 不同种类的这种函数已被研究;一种比较方便的类是 Hörmander 引进的 S^m 类(m 是任意实数). 这是这样一种 C^∞ 函数 $P(x,\xi)$:使得对所有 α,β,对 x 空间中的任意紧集 K,函数

$$(1+|\xi|)^{|\alpha|-m}D_x^\beta D_\xi^\alpha P(x,\xi)$$

对 $x\in K$ 和 $\xi\in\mathbf{R}^n$ 是有界的. 下面列举的性质对这类算符都是成立的. 可是我们将局限在一个较窄的类,它是[20]中所处理的那类算符的一个子类,因为这对我们的应用已经足够了.

我们将考虑 C^∞ 函数 $P(x,\xi)$，这些函数满足条件：对每一个 P，存在一个被称为算子的阶的整数 m，和一个 C^∞ 函数序列 $\{p_j(x,\xi)\}(j=0,1,\cdots)$，$p_j$ 在 $\xi\neq 0$ 处定义，是 ξ 的 $m-j$ 次齐次函数，并且对所有 β 有

$$\left|D_x^\beta\left(P-\sum_0^N p_j\right)\right|=O(|\xi|^{m-N-1}),\quad |\xi|\to\infty, \tag{5.5}$$

此关系式对任意紧集中的 x 是一致的. 此时，我们写为

$$P(x,\xi)\sim\sum_0^\infty p_j(x,\xi). \tag{5.6}$$

定义　用(5.3) 或(5.4) 定义算子 $P(m,D)$.

在描绘这种算子的性质之前，我们注意：若所有 p_j 为零，即，若当 $|\xi|\to\infty$ 时，$D_x^\beta P$ 趋于零比 $|\xi|$ 的任何幂都快，则算子 $P(x,D)$ 是一个无穷光滑算子，即它是一个积分算子

$$\int_{\mathbf{R}^n}K(x,x-y)u(y)\mathrm{d}y, \tag{5.7}$$

它有 C^∞ 核

$$K(x,z)=\int_{\mathbf{R}^n}\mathrm{e}^{\mathrm{i}z\cdot\xi}P(x,\xi)\mathrm{d}\xi. \tag{5.8}$$

这里，并从现在起，我们省略了讨厌的因子——2π 的幂.

(一般地说，(5.8) 中的核 K 是一个广义函数，若 $-m$ 很大，则这个广义函数是光滑的. 事实上，在(5.8) 的积分中，对 ξ 重复地进行分部积分即能证明：对于 $z\neq 0$，K 是一个 C^∞ 函数.)

我们将认为我们的算子作为可以相差一个这种无穷光滑算子而定义的，这时，算子被 $\{p_j\}$ 所唯一确定. 再则我们注意：像上述一样，给定一任意的齐次函数序列

$$\{p_j\},\quad j=0,1,\cdots,$$

则存在一个 C^∞ 算符 $P(x,\xi)$ 以 $\{p_i\}$ 作为它相应的序列；p_0 被称为 P 的主算符.(注意，若 P 是 m 阶的，则对所有正整数 k，它也是 $m+k$ 阶的，所以“阶”这个术语是稍稍有点含糊的.)

我们的算子可以把向量值函数映为向量值函数，这时算符是矩阵.

现在我们来列举一下这种算子的一些基本性质.

(1) $p(x,D)$ 把 C_0^∞ 映入 C^∞，并且可以被拓展为一个把具紧支集的广义函数映为广义函数的映射.

(2) 上面描述的算子类形成一个代数.

若 P 和 Q 都是这种算子，它们的阶分别是 m 和 m'，则 $Q\cdot P=R$ 也是这种算子，并且 R 的算符 $r(x,\xi)$ 是由 Leibniz 公式决定的

$$r(x,\xi) \sim \sum_{\alpha} \frac{1}{\alpha!}[\partial_\xi^\alpha Q(x,\xi)] \cdot [D_x^\alpha P(x,\xi)], \tag{5.9}$$

其中 $\alpha! = \alpha_1! \cdot \alpha_2! \cdot \cdots \cdot \alpha_n!$. 这里,右端的展开式是在(5.6) 的意义下的,其中我们必须把同次齐次项合并在一起,并按次数递减排列:R 的阶数是 $m + m'$,而它的主算符则是 $q_0 \cdot p_0$. 若 P 和 Q 的算符是纯量的,则事实上我们看到:交换子 $[P,Q] = PQ - QP$ 的阶数是 $m + m' - 1$,而它的主算符则是

$$\frac{1}{\mathrm{i}} \sum_j \left(\frac{\partial p_0}{\partial \xi_j} \frac{\partial q_0}{\partial x^j} - \frac{\partial p_0}{\partial x^j} \frac{\partial q_0}{\partial \xi_j} \right). \tag{5.10}$$

指出(5.9) 的一个形式"证明" 是有益的;当然它可以有一个严格的基础. 假定 $P(z,\xi)$ 对大的 $|z|$ 为零,则有

$$Pu(z) = \iint \mathrm{e}^{\mathrm{i}(z-y)\cdot\eta} P(z,\eta) u(y) \mathrm{d}y \, \mathrm{d}\eta,$$

因而

$$QPu(x) = \iiiint \mathrm{e}^{\mathrm{i}(x-z)\cdot\xi} Q(x,\xi) \mathrm{e}^{\mathrm{i}(z-y)\cdot\eta} P(z,\eta) u(y) \mathrm{d}y \, \mathrm{d}\eta \, \mathrm{d}z \, \mathrm{d}\xi =$$

$$\iint \mathrm{e}^{\mathrm{i}(x-y)\cdot\eta} r(x,\eta) u(y) \mathrm{d}y \, \mathrm{d}\eta,$$

这里 $$r(x,\eta) = \iint \mathrm{e}^{\mathrm{i}(x-z)\cdot(\xi-\eta)} Q(x,\xi) P(z,\eta) \mathrm{d}z \, \mathrm{d}\xi.$$

我们可以展开为 Taylor 级数

$$Q(x,\xi) = Q(x,\eta) + \sum_{|\alpha|>0} \frac{1}{\alpha!} \partial_\eta^\alpha Q(x,\eta)(\xi - \eta)^\alpha.$$

(实际上人们在这里应该只写一个有限和,再加上一个必须加以估计的余项.)把这个级数代入 r 的表达式,则得

$$r(x,\eta) \sim \sum_\alpha \frac{1}{\alpha!} \partial_\eta^\alpha Q(x,\eta) \iint \mathrm{e}^{\mathrm{i}(x-z)\cdot(\xi-\eta)} (\xi - \eta)^\alpha P(z,\eta) \mathrm{d}z \, \mathrm{d}\xi.$$

我们考虑这个二重积分. 对 z 的积分给出 $P(z,\eta)$ 对 z 的 Fourier 变换在 $\xi - \eta$ 处的值;把它乘上 $(\xi - \eta)^\alpha$ 再对 ξ 求积分就简单地给出 $D_x^\alpha P(x,\eta)$. 所以

$$r(x,\eta) \sim \sum_\alpha \frac{1}{\alpha!} [\partial_\eta^\alpha Q(x,\eta)] \cdot [D_x^\alpha P(x,\eta)].$$

注 5.1 从(5.9) 我们看到,若两个拟微分算子 P,Q 的算符的支集是不相交的,则 $R = QP$ 是无穷光滑的 —— 这样,它把任一具紧支集的广义函数映为一个 C^∞ 函数,特别,若 Q 的算符,对 $u(x)$ 的支集的一个邻域里的所有 x 都为零,则 Qu 是一个 C^∞ 函数.

(3) 对任一拟微分算子 P,存在一个"伴随"(adjoint) 拟微分算子 P^*,适合

$$(Pu,v) = (u,P^* v), \quad \forall u,v \in C_0^\infty,$$

并且 P^* 以 $$P^*(x,\xi) \sim \sum_\alpha \frac{1}{\alpha!} \partial_\xi^\alpha D_x^\alpha \overline{P(x,\xi)^t}$$

作为其算符.

这里,在算符$P(x,\xi)$是一矩阵时,t表示转置. 所以若主算符是实的时候我们就看到,$P^* - P$的阶是$m-1$.

这个性质可以用类似于前述的形式方法推得.

(4) 拟微分算子是拟局部的(pseudo - local).

让我们回忆一下,若一个作用在函数上的线性算子P有性质

$$\text{supp } Pu \subset \text{supp } u,$$

即,若在u在其中为零的任一开集中Pu为零,则称这个算子P是局部的(local).(Peetre[29]证明了:任何把C_0^∞映入C^∞的局部算子,事实上是一个偏微分算子.)性质"拟局部"是有关sing supp u的,即有关一个函数u的奇异支集的;所谓奇异支集是指在那里u是C^∞的最大开集的余集. 若对每个具紧支集的广义函数u,有

$$\text{sing supp } Pu \subset \text{sing supp } u,$$

则称P是拟局部的.

容易看出,拟微分算子P是拟局部的:设u是一个具紧支集的广义函数,它在x_0的一个邻域里是C^∞的. 我们可以把u分解为$u = u_1 + u_2$,这里$u_1 \in C^\infty$,而u_2则在x_0的邻域$|x - x_0| < \varepsilon$中为零. 这样,若$\psi(x)$是一个C^∞函数,在snpp u_2上等于1,在$|x - x_0| < \varepsilon$中为零,则有$u_2 = \psi u_2$. 令ϕ是一个C^∞函数,支集在$|x - x_0| < \varepsilon$中,并在$|x - x_0| < \frac{\varepsilon}{2}$中$\phi \equiv 1$. 则对于$|x - x_0| < \frac{\varepsilon}{2}$,我们有

$$Pu(x) = Pu_1 + Pu_2 = Pu_1 + \phi P \psi u_2.$$

由性质(1),函数Pu_1是C^∞的;而由性质(2),$\phi P \psi$是一个拟微分算子,它的算符——若用(5:9)来计算——为零,这样,$\phi P \psi u_2$也是C^∞的.

(5) 在我们的代数中,椭圆拟微分算子有逆.

$P \sim p_0 + p_1 + \cdots$被称为椭圆的,若

$$p_0(x,\xi) \neq 0, \quad \xi \in \mathbf{R}^n \backslash 0.$$

当我们考虑的是矩阵时,若对每一个$\xi \in \mathbf{R}^n \backslash 0$,矩阵$p_0(x,\xi)$是非异的,则我们称$P$是椭圆的. 所谓$P$的以$q_0 + q_1 + \cdots$为算符的"逆"$Q$,就是在相差一个无穷光滑的算子的意义下使$QP = I$的拟微分算子$Q$. 这样一个算子通常被称为一个拟基本解(parametrix). 由(2)容易定出序列$\{q_j\}$:若p_0是m次的,我们首先选择$q_0 = p_0^{-1}$,接着选择$-m-1$次的q_1,使得

$$\sum_\alpha \frac{1}{\alpha!} \partial_\xi^\alpha (q_0 + q_1 + \cdots) D_x^\alpha (p_0 + p_1 + \cdots)$$

中的-1次(齐次)项为零. 这样

$$q_1 = -[\partial_{\xi i}q_0 \cdot D_{xj}p_0 + q_0p_1] \cdot p_0^{-1}.$$

接着再选择 $q_2,\cdots$ 如此. 由于一个相似的构造给出 P 的右“逆”,我们也将有 $PQ = I +$ 一个无穷光滑算子.

这里描绘的拟微分算子类的一个不利之处是,在我们这代数里,椭圆算子是唯一有逆的算子.

由于(5),我们得到下述推论:

推论 1 若 u 是 $Pu = f$ 的一个解,这里 P 是一个椭圆拟微分算子,则在 f 在其中是 C^∞ 的任一开集中 u 是 C^∞ 的.

因为若在原点的一个邻域 Ω 中 $f \in C^\infty$,令 $\psi \in C_0^\infty(\Omega)$,在原点的某个较小的邻域 Ω' 中 $\psi \equiv 1$,那么,若 Q 是 P 的“逆”,由(1),我们就有 $Q\psi Pu = Q\psi f$ 属于 C^∞. 另一方面

$$Q\psi Pu = \psi QPu + [Q,\psi]Pu = \psi u + [Q,\psi]Pu \bmod(C^\infty \text{ 函数}).$$

因为由(5.9),$[Q,\psi]$ 的算符当 $x \in \Omega'$ 时为零(在 Ω' 中 $\psi \equiv 1$),我们就看到 u 在 Ω' 中是 C^∞ 的.

定义 若对于点 (x_0,ξ^0),$p_0(x_0,\xi^0) \neq 0$,则我们称 P 在此点处是椭圆的. 若对于 $\mathbf{R}^n \times S^{n-1}$ 中一个集合 Ω 中的点 (x,ξ),$p_0(x,\xi) \neq 0$,则我们称 P 在 Ω 上是椭圆的.

注 5.2 若 P 在 $\mathbf{R}^n \times S^{n-1}$ 中的一个闭集 Ω 上是椭圆的,则人们可以在 Ω 的一个锥邻域 $\widetilde{\Omega}$ 内进行上述有关 $Q(x,\xi)$ 的构造,即在使 $(x,\frac{\xi}{|\xi|})$ 接近 Ω 的那些点 (x,ξ) 上进行这种构造,然后用任一办法把 Q 的算符拓广到 $\widetilde{\Omega}$ 的外面. 这样,若 $r(x,\xi)$ 是 $Q(x,D)\ P(x,D)$ 的算符,则在 Ω 中 $r(x,\xi) = 1$.

这就给出比较精密的

推论 2 令 P,P_1 是两个拟微分算子,并设 P 在 P_1 的支集中且 $|\xi| = 1$ 的 (x,ξ) 处是椭圆的. 若 PP_1u 是 C^∞ 的,则 P_1u 也是 C^∞ 的.

为了证明这个推论,对于 P——它在 $\Omega = \operatorname{supp} P_1 \cap (\mathbf{R}^n \times S^{n-1})$ 上是椭圆的,令 Q 是上面构造的算子. 则有 $QPP_1u \subset C^\infty$. 但 $QPP_1u = P_1u + (QP - I)P_1u$. 而 $(QP - I)P_1$ 的算符为零,因而 $(QP - I)P_1u$ 是一个 C^∞ 函数,所以 P_1u 也是一个 C^∞ 函数.

(6) 拟微分算子的连续性.

我们描述的最后一个性质与作为两个 H_s(s 是实数 —— 回忆一下(5.2))空间之间的映射的拟微分算子的连续性有关.

假设 $P(x,D)$ 是 m 阶的,并且它的算符 $P(x,\xi)$ 当 $|x| \geqslant R$ 时为零. 则对每个实数 s,$P(x,D)$ 是一个连续映射 $H_s \to H_{s-m}$.

这个性质与下述有用的事实有关，这就是 Gårding 不等式的精密(sharp)形式：若 P 是一个一阶的拟微分算子，它的主算符是非负的，则对于某个常数 C，有

$$Re(Pu,u) \geqslant -C\|u\|_0^2.$$

这个事实已有多种证法；请参阅[9]或[14]的第1.3节.

所有上面描绘的性质对远为广泛的算符类都成立，特别是对 Hörmander 所引进的一个一般的类 $S^m_{\rho,\delta}$ 也是这样：$S^m_{\rho,\delta}$ 由这样的 C^∞ 算符 $P(x,\xi)$ 组成：对所有 α,β，$(1+|\xi|)^{-m+\rho|\alpha|-\delta|\beta|}|\partial_\xi^\alpha D_x^\beta P(x,\xi)|$ 是有界的. 这里 $0\leqslant\delta<\rho\leqslant 1$. 最近，在一篇很有意义的论文[4]里，Calderón 和 Vaillancourt 证明了：$S^0_{\delta,\delta}(0<\delta<1)$ 类的算子是从 L_2 到 L_2 的连续映射.

(7) 进一步的注记和初步应用.

上面我们指出了如何构造椭圆算子的“逆”；若 P 是椭圆的，我们构造了一个拟基本解 Q，使得 $R=PQ-I$ 是一个具有 C^∞ 核的积分算子. 从此容易推得，任一椭圆方程 $Pu=f$ 是局部可解的. 为简便计，假设 f 是局部 L_2 的. 把我们自己局限在一个小的邻域 Ω 中，我们可以使得算子 R 在 $L_2(\Omega)$ 中的范数小于1，因此 $I+R$ 是可逆的，这样，$u=Q(I+R)^{-1}f$ 就是 $Pu=f$ 的一个局部解.

这样局部地求解方程 $Pu=f$ 的第一个困难来自

$$p_0(x,\xi)=0$$

的实根 (x_0,ξ^0)，这里 $\xi^0\in R^n\backslash 0$. 设 ξ^0 是一个单根，即对某个 j，有 $\partial_{\xi_j}p_0(x_0,\xi^0)\neq 0$，不妨设 $j=n$. 这样我们就能在 (x_0,ξ^0) 的一个邻域里把 p_0 分解为

$$p_0(x,\xi)=(\xi_n-\lambda(x,\xi_1,\cdots,\xi_{n-1}))q(x,\xi) \tag{5.11}$$

这里 $q(x_0,\xi^0)\neq 0$，并且 λ 是 $(\xi_1,\cdots,\xi_{n-1})$ 的一次齐次函数. 把 λ 和 q 适当地拓展后，则算子积 $(D_n-\lambda(x,D_1,\cdots,D_{n-1}))q(x,D)$ 就在某种意义下是 $p_0(x,D)$ 的一个逼近，这样就导致分别地考虑每一个因子的局部可解性的问题. 算子 $q(x,D)$ 在 (x_0,ξ^0) 处是椭圆的，因而(若它被拓展为对所有 (x,ξ) 都是椭圆的)是局部可逆的.

这里让我们考虑一个特殊情形，即对所有 $\xi\in\mathbf{R}^n\backslash 0$，$\lambda$ 是实的情形：

$$L=D_n-\lambda(x,D_1,\cdots,D_{n-1}). \tag{5.11$'$}$$

注 5.3　算子 L 被称为双曲的，始值问题

$$Lu=f,u|_{x^n=0}=u_0 \tag{5.12}$$

是适定的；特别，若给定的数据是光滑的，则存在唯一的光滑解 u.

这可以用能量积分估计加以证明(例如可参阅[27]的附录). 解决这个问题的另一途径是通过几何光学，它也给出解的一个有效的近似描述. 在这里人们把

$$u_0(x')(x'=(x^1,\cdots,x^{n-1}))$$

在它的 Fourier 变换表示中写作若干平面波的和

$$u_0(x') = \int_{\mathbf{R}^{n-1}} e^{ix'\cdot\xi'} \tilde{u}_0(\xi')\mathrm{d}\xi'$$

进而用一个逼近

$$u(x,\xi') \sim e^{i\phi(x,\xi')} a(x,\xi')$$

去解决始值问题

$$Lu = 0, u|_{x^n=0} = e^{ix'\cdot\xi'}.$$

相(phase) 函数 ϕ 被选择为非线性方程的始值问题

$$\begin{cases}\phi_{x^n} - \lambda(x,\phi_{x^1},\cdots,\phi_{x^{n-1}}) = 0,\\ \phi|_{x^n=0} = \sum_1^{n-1} x^j\xi_j = x'\cdot\xi'\end{cases} \tag{5.13}$$

的一个解,而“振幅(amplitude) 函数”$a(x,\xi') = a_N$ 则是通过沿(5.13) 的特征解一个常微分方程组,使得对大的 N,当 $|\xi'|\to\infty$ 时 $Lu(x,\xi') = O(|\xi'|^{-N})$ 来确定的. 因此

$$u_N(x) = \int_{\mathbf{R}^{n-1}} e^{i\phi(x,\xi')} a(x,\xi')\tilde{u}_0(\xi')\mathrm{d}\xi'$$

就在 $u_N(x)$ 和 $u(x)$ 的差是一个很光滑的函数的意义下表示(5.12) 的解 $u(x)$ 的一个好的逼近,这就是说 u_N 包含着 u 的所有可能的奇性.

把始值函数 $u(x')$ 映为 $Lu = 0$ 的解 u 在 $x^n = t$ 上的值的算子 $U(t)$ 不是一个拟微分算子,因为,就是在 $\lambda = \xi_1$ 这样的简单情形中,它都不是拟局部的. 它属于由 Hörmander 所引进的所谓的 Fourier 积分算子类. 在[16] 中有这类算子的大量研究,在[6] 中有它们的进一步应用. 算子 $U(t)$ 和它的逆是每一个 H_s 空间中的有界映射. 算子 $U(t)$ 的一个重要性质是下述性质:若 B 是作用在函数 $v(x')$ 上的一个拟微分算子,它的主算符为 $b_0(x',\xi')$,则对任何 t,总存在一个作用在 $v(x')$ 上的拟微分算子 $C = C_t$,使得

$$BU(t) = U(t)C_t \quad (\text{相差一个光滑算子}), \tag{5.14}$$

并且 C 的主算符 c_0 是

$$c_0(y',\eta') = b_0(x'(y',\eta',t),\ \xi'(y',\eta',t)), \tag{5.15}$$

这里 x',ξ' 是 Hamilton – Jacobi 方程组

$$\frac{\mathrm{d}x^j}{\mathrm{d}t} + \frac{\partial\lambda}{\partial\xi_j} = 0,\quad \frac{\mathrm{d}\xi_j}{\mathrm{d}t} - \frac{\partial\lambda}{\partial x^j} = 0 \tag{5.16}$$

的解,当 $t = 0$ 时,$x^j = y^j,\xi_j = \eta_j, j = 1,\cdots,n-1$.

我们注意,算子 $U(x^n)$ 还有性质

$$LU(x^n) = U(x^n)D_n.$$

这样,利用算子 $U(x^n)$,我们可以把复杂的算子 L 变为一个简单的算子 D_n,而同时又控制着在拟微分算子上进行的我们的变换的效果. 这个步骤在[23] 中被

应用;Egorov 在[7] 中,对在一般典则变换下算子的变换,作出了一个一般的很重要的结果,上述性质是这个结果的一部分.

让我们简要地解释一下. 在第 Ⅰ 章里,为了把算子化为较简单的形式,我们曾考虑过变量变换 $x \to y$. 在这种变换下,一个微分算子的主算符 $p(x,\xi)$ 以下述方式变为

$$q(y,\eta) = p(x(y), {}^t(\frac{\partial x}{\partial y})^{-1}\eta),$$

这里 ${}^t(\frac{\partial x}{\partial y})^{-1}$ 表示 Jacobi 矩阵 $(\frac{\partial x}{\partial y})$ 的转置的逆. 另一种说法是,主算符在变量变换 $(x,\xi) \to (y,\eta)$ 下是不变的,这里,η 使形式 $\xi dx = \sum \xi_j dx^j$ 是不变的:

$$\xi dx = \eta dy.$$

这样一种变量变换 $(x,\xi) \to (y,\eta)$ 在力学中被称为典则的(canonical). 在第 Ⅰ 章中我们考虑过这种由变换 $x \to y$ 产生的变换. 而在力学中,人们则考虑更一般的典则变换 $(x,\xi) \to (y,\eta)$,即,使微分形式 ξdx 不变的变换. Egorov 所证明的,就是人们可以在拟微分算子上进行这种典则变换 $x(y,\eta),\xi(y,\eta)$,这里 ξ 和 x 对于 η 分别是一次齐次和零次齐次的. 在这种变换下,一个以 $p(x,\xi)$ 为主算符的拟微分算子映为一个以 $q(y,\eta) = p(x(y,\eta),\xi(y,\eta))$ 为主算符的拟微分算子,函数的相应的变换则由一个 Fourier 积分算子所完成. Hörmander 在 [16] 中作为一个很一般的理论的一部分发展了这个结果.

在局部 x 坐标中,空间 (x,ξ) 被称为在其中定义了 u 的那个空间 —— 它被称为底(base) 空间 —— 的余切(cotangent) 空间,这里的 $\xi \in R^n$ 使得 ξdx 在坐标变换下是不变的. 我们看到,一个拟微分算子的主算符是在余切空间上被定义的. 这是一个重要事实,即,对定义在流形上的函数,拟微分算子是可以定义的;这时主算符是在流形的余切空间上被定义的.

(8) 一个因子分解.

在(5.11) 中,我们叙述过一个算符的局部的因子分解,并模糊地指出过算子相应的因子分解的用处. 对于这些因子都是某个被突出的变量的偏微分算子的情形,有一个较明确的结果是有用的. 为了方便起见,我们考虑 $n+1$ 个变量,而把最后一个变量叫做 t,并令它的对偶变量是 τ. 考虑以 $p(x,t,\xi,\tau)$ 为其主算符的 m 阶偏微分算子 $P(x,t,D_x,D_t)$. 假设在 (x_0,t_0,ξ^0) 处 $(\xi^0 \in \mathbf{R}^n \backslash 0)$ 多项式 $p(x_0,t_0,\xi^0,\tau)$ 有一单根 τ^0(它可以是复的),即

$$p(x_0,t_0,\xi^0,\tau^0) = 0, \frac{\partial}{\partial \tau}p(x_0,t_0,\xi^0,\tau^0) \neq 0.$$

则对于 (x_0,t_0,ξ^0) 的一个邻域中的 (x,t,ξ),我们可以析因子

$$\begin{cases} p = (\tau - \lambda(x,t,\xi))q_{m-1}(x,t,\xi,\tau), \\ q_{m-1}(x_0,t_0,\xi^0,\tau^0) \neq 0, \end{cases}$$

这里 λ 是 ξ 的一次齐次函数,而 q_{m-1} 则是 τ 的一个 $m-1$ 次多项式,同时是(ξ,τ) 的 $m-1$ 次齐次函数.

引理 1 存在一个算子

$$Q(x,t,D_x,D_t) = \sum_{j=0}^{m-1} a_j(x,t,D_x)D_t^j$$

其中,$a_j(j=0,1,\cdots,m-1)$ 是 x 变量的一个 $m-1-j$ 阶的拟微分算子(随 t 光滑地变动),并存在 x 变量的一个一阶的拟微分算子 $\sigma(x,t,D_x)$(随 t 光滑地变动),在(x_0,t_0,ξ^0) 的一个邻域里,它的主算符等于 $\lambda(x,t,\xi)$,使得对于(x_0,t_0,ξ^0) 的一个邻域中的(x,t,ξ),对于所有 τ

$$P(x,t,D_x,D_t) - (D_t - \sigma(x,t,D_x))Q(x,t,D_x,D_t)$$

的算符等于零.

证明 只需对邻近于(x_0,t_0,ξ^0) 的(x,t,ξ) 和对所有 τ 决定 Q 和 σ 的算符;然后,它们可以用任意途径被拓展. 我们把 Q 和 σ 的算符写为

$$Q(x,t,\xi,\tau) \sim q_{m-1} + q_{m-2} + \cdots + q_0 + q_{-1} + \cdots$$

和

$$\sigma(x,t,\xi) = \lambda(x,t,\xi) + \sigma_0 + \sigma_{-1} + \cdots,$$

其中 q_j 是(ξ,τ) 的 j 次齐次函数,并是 τ 的多项式,而 σ_j 则是 ξ 的 j 次齐次函数. 要定出这些算符,我们只需把相应的算子组合起来,把所得到的算符和 $p(x,t,\xi,\tau)$ 加以比较,并把相应的项对等起来. 例如,考虑 $m-1$ 次的项,我们有

$$-\sigma_0 q_{m-1} + D_t q_{m-1} - \sum \frac{\partial}{\partial \xi_j}\lambda \cdot D_{x_j} q_{m-1} + (\tau - \lambda)q_{m-2} = p_{m-1}. \quad (5.17)$$

令 $\tau = \lambda(x,t,\xi)$,则得

$$\sigma_0 = \left.\frac{D_t q_{m-1} - \sum \lambda_{\xi_j} D_{x_j} q_{m-1} - p_{m-1}}{q_{m-1}}\right|_{\tau=\lambda(x,t,\xi)}.$$

把此式代入(5.17),作为 τ 的多项式,我们可以定出 q_{m-2},如此等等.

6. 有关 Cauchy 问题唯一性的 Calderón 定理和一个推广

我们将证明 Calderón[2] 获得的有关 Cauchy 问题的一个极不平凡的结果,然后证明它的一个推广,这个证明是曲折的,技术性较高,但它显示着作为一个专门工具的拟微分算子的威力和灵活性. 首先回忆一下问题. 令 $P(x,D)$ 是一个 m 阶线性偏微分算子,它的系数是在 $\mathbf{R}^{n+1}$ 中原点的一个邻域中定义的光滑函数,它的主算符是 $p = p_m(x,\xi)$. 假设超平面 $x^{n+1}=0$ 在原点处不是特征,即对于 $\xi=(0,\cdots,0,1)$ 有 $p(0,\xi)\neq 0$. 局部 Cauchy 问题是在原点的邻域里求

在超平面 $x^{n+1}=0$ 上具有给定的(譬如说,齐次的)Cauchy 数据

$$D_{n+1}^{j}v=0, \text{在 } x^{n+1}=0 \text{ 上}, j=0,1,\cdots,m-1$$

的

$$Pv=f$$

的一个解 v.(超平面 $x^{n+1}=0$ 不是特征的这一条件,保证了我们唯一地定出这个解的各阶偏微商在此超平面上的值.)

众所周知,解将存在,只有当算子 P 是"双曲的"时候,特别地,这蕴涵着当 $\xi'=(\xi_1,\cdots,\xi_n)\in\mathbf{R}^n\backslash 0$ 时,多项式方程 $p(x,\xi',\xi_{n+1})=0$ 的所有根 ξ_{n+1} 都是实的. 然而唯一性定理却对远较广泛的算子类成立,虽然不是对所有算子类都对. 一些不唯一的例子已由 E. De Giorgi, A. Plis 和 P. Cohen 给出;可以在参考文献[12]和[31]中找到. [12]中定理 8.9.2 提到 $\mathbf{R}^2$ 中的一个例子,其形式为

$$\frac{\partial v}{\partial x^2}+\mathrm{i}a(x^1,x^2)\frac{\partial v}{\partial x^1}=0,$$

这里,函数 $a(x^1,x^2)$ 是一个实 C^∞ 函数,它在原点附近无穷次变号;这时,有一解 v:当 $x^2<0$ 时 $v\equiv 0$,但在原点的任一邻域里 $v\not\equiv 0$.

现在我们来描绘 Calderón 条件. 这些条件对在原点的一个邻域中的 x,对所有实单位向量 $\xi'=(\xi_1,\cdots,\xi_n)$ 都必须满足,这些条件是有关多项式 $p(x,\xi',\xi_{n+1})$ 的根 $\xi_{n+1}=\tau$ 的:

(i)′$p(x,\xi',\tau)=0$ 至多有单实根,并至多有二重复根;

(ii)′ 若 τ_1,τ_2 是 $p(x,\xi',\tau)=0$ 的相异根,则

$$|\tau_1-\tau_2|\geqslant\varepsilon;$$

(iii)′ 对每一个非实的根 τ,有 $|\mathrm{Im}\,\tau|\geqslant\varepsilon$.

在这些条件中,ε 是一个与 x 和 ξ' 无关的正数. 这些条件简单地说明:当 x 和 ξ' 变动时,根的重数不变,实根保持是实的.

定理 5[2] 假设平面 $x^{n+1}=0$ 在原点处非特征,并且(i)′,(ii)′,(iii)′成立. 若 v 是 $Pv=0$ 在原点的一个邻域中的解,当 $x^{n+1}<0$ 时它恒等于零,则在原点的一个完整的邻域中 $v\equiv 0$.

我们将假定 $v\in C^m$,虽然这个结果对广义函数解也是对的.

注意,若 v 是 $Pv=0$ 在原点的半邻域($x^{n+1}\geqslant 0$)中的一个解,在 $x^{n+1}=0$ 上适合零 Cauchy 数据,则它可以用零延拓到 $x^{n+1}<0$ 中,并仍旧是一个解. 已知的例子(参阅[31])指出:条件(i)′对唯一性而言几乎是必要的.

在[2]中,Calderón 还在较强的条件下证明了一个大范围存在定理;Smith[31]已推广了这个定理. 在一篇早一些的论文里,在 $p(x,\xi',\xi_{n+1})=0$ 只有单复根的假定下,Calderón 证明过唯一性. Malgrange[23]提出了这个早期结果的一个稍稍不同的证明. 我们将遵循他的提法,并指出它怎样给出较强的结果;再利用一些另外的专门工具,我们证明一个进一步的推广(定理 5′). 有关

定理 5 的唯一性结果可以在[12]第 8.9 节中找到.

在定理 5 的证明中,我们将利用变量$(x^1,\cdots,x^n)$的拟微分算子. 首先作一个局部的变量变换是有益的,这个变换使平面$x^{n+1}=0$变为一个凸曲面S: $x^{n+1}=\delta\sum_1^n(x^j)^2$,这里$\delta$是一个正常数. 我们还重新记

$$x^{n+1}=t,x=(x^1,\cdots,x^n),\ \xi=(\xi_1,\cdots,\xi_n),$$

并用τ代替ξ_{n+1}. 假设v是$Pv=0$在原点的一个邻域里的解,它在划有斜线的阴影区域中为零(图 6.1);而我们则要证明,它对小的t也为零.

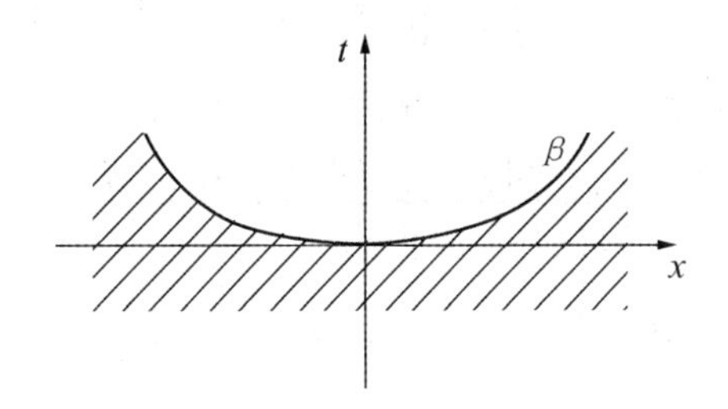

图 6.1

我们将重新写一下关于τ的多项式的假设:对在原点的一个邻域中的(x,t),并对任何单位向量$\xi\in\mathbf{R}^n$:

(i) $p(x,t,\xi,\tau)$至多有单实根τ,并至多有二重复根;

(ii) 相异根τ_1,τ_2满足$|\tau_1-\tau_2|\geqslant\varepsilon>0$;

(iii) 非实的根τ满足$|\operatorname{Im}\tau|\geqslant\varepsilon$.

这里ε是某个固定的正常数. 显然,我们只对$t\geqslant 0$需要这些条件.

我们必须注意,这些条件对新变量继续成立这一事实并不显然,但这个事实并不难验证;请参阅[31]中的定理 2. 还注意,若主算符p是实的,则由条件(ii)可推得条件(iii),因为所有复根都是共扼地出现的.

我们将证明的定理 5 的推广放松了假设(iii). 我们将假定,图是和上面一样的:v是$P(x,t,D_x,D_t)v=0$在原点的一个邻域里的解,它在阴影区域中为零,并且平面$t=0$在原点处不是特征,对在原点的一个邻域中的(x,t),对$t\geqslant 0$,并对$|\xi|=1$,我们假定:

(1) $p(x,t,\xi,\tau)$的根的重数至多是 2;

(2) 相异根τ_1,τ_2满足$|\tau_1-\tau_2|\geqslant\varepsilon>0$,这样,根的重数是常数,我们可以把不同族的根排列记为$\tau_j(x,t,\xi)$;

(3) 重根τ满足$|\operatorname{Im}\tau|\geqslant\varepsilon>0$;

(4) 对所有的(x,t,ξ),任何单根$\tau_j=a_j+ib_j$满足下列条件之一:

$$(4)_1 \quad b_j = \operatorname{Im} \tau_j \geqslant 0$$

$$(4)_2 \quad b_j = \operatorname{Im} \tau_j \leqslant -\varepsilon$$

$$(4)_3 \quad b_{j_t} \leqslant \sum_{k=1}^{n} (a_{j_{\xi_k}} b_{j_x k} - a_{j_x k} b_{j_{\xi_k}}).$$

这里 ε 是一个固定的正常数.

条件$(4)_3$ 断言,$b_j = \operatorname{Im} \tau_j$ 在 $\tau - \operatorname{Re} \tau_j = \tau - a_j$ 的每一条零 - 次特征上是递减的,即在由常微分方程组

$$\frac{\mathrm{d}x^k}{\mathrm{d}t} = -\frac{\partial a_j}{\partial \xi_k}, \ \frac{\mathrm{d}\xi_k}{\mathrm{d}t} = \frac{\partial a_j}{\partial x^k}, \ k = 1, \cdots, n$$

所定义的曲线(t 是参数)上 b_j 是递减的.

定理 5′ 在条件(1) ~ (4) 下,定理 5 的结论成立.

特别,我们注意,若条件(iii) 放松为

$\widetilde{\text{(iii)}}$ 二重根 τ 和满足 $\operatorname{Im} \tau < 0$ 的单根 τ 都满足 $|\operatorname{Im} \tau| \geqslant \varepsilon$,

则定理 5 成立.

条件$(4)_3$ 出现在 Treves[33] 中;在那里曾提出,唯一延拓应该在比$(4)_3$ 还弱的条件下成立. 例如不必对所有(x,t,ξ),而只需对使 $b_j < 0$ 的那些点要求$(4)_3$.

让我们注意,条件(1) ~ (4) 对 t 不是对称的. 这是因为我们只是在证明前向唯一延拓.

我们还注意,定理 5′ 在条件(4) 的一个较弱的形式下仍成立:

$\widetilde{(4)}$ 任何单根 $\tau_j = a_j + \mathrm{i}b_j$ 满足下述条件:每个点(x,t,ξ),其中 $t \geqslant 0$,$|\xi| = 1$,有一个邻域,在这个邻域中,条件$(4)_1$,$(4)_2$ 或$(4)_3$ 之一成立.

下面是(x,t) 平面中满足定理 5′ 的条件,特别,满足$(4)_1$ 和$(4)_3$ 的一个简单例子:①

$$P = D_t - \mathrm{i}\rho(x,t) D_x,$$

这里,$\rho(x,t)$ 是一个实 C^∞ 函数,在原点处为零,并满足条件:

$$\rho \geqslant 0, \rho_t \geqslant 0, \text{对于 } t \geqslant 0.$$

因此,$(D_t - \mathrm{i}\rho D_x)(D_t^2 + D_x^2)^2$ + 低阶项这一算子也满足定理 5′ 的条件.

从证明中这是清楚的:算子 P 未必是一个偏微分算子;它可以是形如

$$P(x,t,D_x,D_t) = D_t^m + \sum_{j=1}^{m} R_j(x,t,D_x) D_t^{m-j}$$

的算子,其中 R_j 是 x 变量的 j 阶的拟微分算子,它随 t 光滑地变动.

---

① 此例有误. 原文如此. ——译者注

定理 5 的证明建立在一个带峰权(peaking weight) 因子的 L_2 不等式上,对满足(i),(ii),(iii) 的 P,这个不等式是成立的. 用这种不等式来证明唯一性的想法溯源于 T. Carleman. 为了证明定理 5′ 而必须的附加步骤将在第 7 节的最后给出.

基本不等式. 令 $u(x,t)$ 是 C^m 类中的一个函数,其支集包含在 $|x| \leqslant r, 0 \leqslant t \leqslant T$ 中. k 是一个正常数,令

$$w(t) = \mathrm{e}^{k(T-t)^2}.$$

则存在一个与 u 无关的常数 C,使得当 r, T 和 k^{-1} 都充分小时,下列不等式成立:

$$\int_0^T \sum_{|\alpha| < m} \| D^\alpha u \|^2 w(t)\,\mathrm{d}t \leqslant C(k^{-1} + T^2) \int_0^T \| Pu \|^2 w(t)\,\mathrm{d}t, \tag{6.1}$$

这里,$\| \ \|$ 表示关于 x 变量的 L_2 的范数.

我们首先将证明定理 5 容易从(6.1) 推出. 令 $\zeta(t)$ 是一个在 $t \geqslant 0$ 中定义的非负 C^∞ 函数,当 $t \leqslant \dfrac{2T}{3}$ 时 $\zeta(t) \equiv 1$,当 $t \geqslant T$ 时 $\zeta(t) \equiv 0$. 若 v 是定理中的方程 $Pv = 0$ 的解,则当 T 充分小时,我们可以对 $u = \zeta v$ 应用(6.1);并推得

$$\int_0^{\frac{2T}{3}} \| v \|^2 w\mathrm{d}t \leqslant \text{(6.1) 的左端} \leqslant$$

$$C(k^{-1} + T^2) \int_{\frac{2T}{3}}^T \| P(\zeta v) \|^2 w\mathrm{d}t \leqslant$$

$$C'(k^{-1} + T^2) \int_{\frac{2T}{3}}^T w\mathrm{d}t,$$

这里 C' 是一个依赖于 T 但不依赖于 k 的常数. 我们把 T 固定下来. 这样,特别有

$$\mathrm{e}^{\frac{kT^2}{4}} \int_0^{\frac{T}{2}} \| v \|^2 \mathrm{d}t \leqslant \int_0^{\frac{T}{2}} \| v \|^2 \mathrm{e}^{k(T-t)^2} \mathrm{d}t \leqslant$$

$$C'(k^{-1} + T^2) T \mathrm{e}^{\frac{kT^2}{9}}.$$

令 $k \to \infty$,我们看到:这是不可能的,除非当 $t \leqslant \dfrac{T}{2}$ 时 $v \equiv 0$;因而定理就被证明了.

(6.1) 的证明的第一步是 Calderón 的把原方程化为一阶方程组的方法. 在和作用在 u 上的 m 阶偏微分算子打交道的时候,把它们化为一阶方程组常常是有利的. 这通常是这样做的:把低于 m 阶的 u 的各阶微商作为新未知函数被引进;可是这样做的话,人们就要引进许多颇为麻烦的额外特征. Calderón 的通过拟微分算子的化法避免了这个麻烦;这个化法用作用在(在某种适当意义下)u 的 $m-1$ 阶微商的一个 $m \times m$ 方程组来代替一个单个的算子. 现在我们来描述这个方法. 因为平面 $t = 0$ 在原点处是非特征的,因此 P 中 D_t^m 的系数在原点处不为零,所以我们可以用这个系数来除 P,并考虑形为

$$p = \tau^m + \sum_{j=1}^{m} Q_j(x,t,\xi)\tau^{m-j} \tag{6.2}$$

的主算符 p,这里 Q_j 是 ξ 的 j 次齐次多项式.

通过引进新的未知函数

$$u_j = \Lambda^{m-j}D_t^{j-1}u, \quad j = 1,\cdots,m, \tag{6.3}$$

我们把 $Pu = f$ 重新写为一个一阶组,这里 Λ 是 x 变量的算符为 $(1+|\xi|^2)^{\frac{1}{2}}$ 的拟微分算子——这样就有 $\Lambda = (I-\Delta_x)^{\frac{1}{2}}$. 我们的 u 在 x 方向有(小的)紧支集,所以定义 u_j 没有困难. 因为 Λ 只包含对 x 的一阶微商,我们就看到,u_j 相当于 u 的 $m-1$ 阶微商. 若 $Pu = f$,则化成的关于

$$U = \begin{pmatrix} u_1 \\ \vdots \\ u_m \end{pmatrix}$$

的一阶组是

$$\begin{cases} D_t u_j - \Lambda u_{j+1} = 0, \quad j < m, \\ D_t u_m + \sum\limits_{1}^{m} Q_j(x,t,D_x)\Lambda^{1-j}u_{m-j+1} + RU = f. \end{cases} \tag{6.4}$$

容易看到,对每一个 t,R 表示对 x 变量的一个零阶拟微分算子(随 t 光滑地变动). 这样,(6.4) 的主算符是 $m\times m$ 矩阵

$$\tau I + \begin{pmatrix} 0 & -|\xi| & 0 & \cdots & 0 \\ 0 & 0 & -|\xi| & \cdots & 0 \\ \vdots & \cdots & & & \\ 0 & 0 & 0 & \cdots & -|\xi| \\ Q_m|\xi|^{1-m} & Q_{m-1}|\xi|^{2-m} & \cdots & \cdots & Q_1 \end{pmatrix} \equiv \tau I + h.$$

注 $\mathrm{Det}(h+\tau I)$ 的确是(6.2) 原来的算符,这是容易验证的. 这样,方程组(6.4) 的特征(根) 和 p 的特征(根) 是一样的;对于 $|\xi| = 1$,$p(x,t,\xi,\tau) = 0$ 的根 τ 是矩阵 h 的特征值的负值.

我们将利用以 h 为算符的拟微分算子 $H(x,t,D_x)$. 这是 x 变量的一个一阶算子(随 t 光滑地变动),它作用在向量 U 上. 利用 H,我们将从(6.1) 的类似的不等式

$$\int_0^T w\|U\|^2\mathrm{d}t \leqslant C(k^{-1}+T^2)\int_0^T w\|D_tU + HU\|^2\mathrm{d}t + C\int_0^T w\Big[\sum_{|\alpha|<m-1}\|D^\alpha u\|^2 + \|D_t^{m-1}u\|_{-1}^2\Big]\mathrm{d}t \tag{6.1$'$}$$

推得 (6.1). 这里 $\|U\|^2$ 表示 $\sum_j \|u_j\|^2$,且一般说来,$\|\phi\|_{-1}$ 正是 $\|\Lambda^{-1}\phi\|$. 和前面一样,u 的支集在 $|x| < r, 0 \leqslant t \leqslant T$ 中,虽然这对 U 不再正

确;C是一个不依赖于u的常数,(6.1)′当r,T,k^{-1}充分小时成立.字母C将用来表示不同的不依赖于u,r,k,T的常数.

在进行之前,我们首先证明从(6.1)′可以推得(6.1),从U的定义我们看到,对某个常数c,有

$$c^{-1}\|U\|^2\leqslant\sum_{|\alpha|=m-1}\|D^\alpha u\|^2\leqslant c\|U\|^2.$$

我们将用到一个简单的事实:若一个函数$\phi(x)$有小支集在$|x|<r$中,则有

$$\|\phi\|\leqslant 小常数\cdot\|\mathrm{grad}\,\phi\|;\tag{6.5}$$

其中的常数可以取得任意小,只需r充分小.

除此之外,对于小r,有①

$$\|\phi\|_{-1}\leqslant 小常数\cdot\|\phi\|.\tag{6.5$'$}$$

用(6.5),我们看到

$$\sum_{|\alpha|<m}\|D^\alpha u\|^2\leqslant C\|U\|^2.$$

再利用(6.5)′我们看到,若r充分小,则(6.1)′的最后一个积分中的麻烦项(它们将从拟微分算子的交换中发生)可以被估计如下:

$$\sum_{|\alpha|<m-1}\|D^\alpha u\|^2+\|D_t^{m-1}u\|_{-1}^2\leqslant\varepsilon'\sum_{|\alpha|<m}\|D^\alpha u\|^2.$$

这样,从(6.1)′推得,对任何$\varepsilon'>0$,我们有

$$\int_0^T w\sum_{|\alpha|<m}\|D^\alpha u\|^2\mathrm{d}t\leqslant C(k^{-1}+T^2)\int_0^T w\|D_tU+HU\|^2\mathrm{d}t+ C\varepsilon'\int_0^T w\sum_{|\alpha|<m}\|D^\alpha u\|^2\mathrm{d}t.\tag{6.6}$$

由(6.4)和(6.2)′我们看到,若$Pu=f$,则有

$$D_tU+HU=R_1U+\begin{pmatrix}0\\ \vdots\\ 0\\ f\end{pmatrix},$$

其中,对每个t,R_1是x变量的一个零阶拟微分算子(随t光滑地变动).因而

$$\|D_tU+HU\|^2\leqslant C\|f\|^2+C\|U\|^2\leqslant C\|f\|^2+C\sum_{|\alpha|<m}\|D^\alpha u\|^2.$$

把这些代入(6.6),我们得到

---

① 人们可能觉得:对任意实数s,若ϕ的支集在$|x|<r$中,r充分小,即有$\|\phi\|_{s-1}\leqslant$小常数$\cdot\|\phi\|_s$.然而,这只当$s\geqslant-\frac{n}{2}$时才成立;参阅[32]的定理0.41.

$$\int_0^T w \sum_{|\alpha|<m} \|D^\alpha u\|^2 dt[1 - C\varepsilon' - C(k^{-1} + T^2)] \leqslant$$

$$C(k^{-1} + T^2)\int_0^T w \|f\|^2 dt,$$

从这里推得,当 k^{-1},T(因而,r 和 ε')充分小时(6.1)成立.

7. Cauchy 问题的唯一性(续)

唯一性定理5的证明已被化为证明不等式(6.1)′的问题. 我们将做进一步的简化. 一个重要的简化是通过把算符 h 变为 Jordan 标准型的变换来完成的,这样就把(6.1)′的证明,或者归结为一个纯量的情形,或者归结为一个 2×2 方程组的情形. 让我们来解释这些.

由我们的假设(i) ~ (iii),当(x,t,ξ)变动时,$h(x,t,\xi)$的特征值有常重数,重数至多是2. 这样,对那些接近原点的$(x,t)$$(t\geqslant 0)$,并对那些接近任一$\xi_0$的单位向量$\xi$,我们能找到一个非异的,光滑的$m\times m$矩阵$r(x,t,\xi)$,使得

$$rhr^{-1} = J(x,t,\xi) \tag{7.1}$$

是 Jordan 标准型. 并且,J 的每个不可约的对角线单元是 1×1 的或 2×2 的. 在后一情形,此单元呈形式

$$\begin{pmatrix} \lambda(x,t,\xi) & 1 \\ 0 & \lambda(x,t,\xi) \end{pmatrix}, \tag{7.2}$$

并且 $|\operatorname{Im}\lambda| > \varepsilon$.

若我们把 r 作为零次齐次函数光滑地拓展到所有 ε,则我们将愿意考虑相应的拟微分算子 $R(x,t,D_x)$. 不幸的是,r 只在 $|\xi| = 1$ 上局部地定义;是否存在一个大范围定义的 r 来实现(7.1)是完全不清楚的. 可是这个困难是可以克服的. 令 $\{\Omega_\nu\}$ 是单位球面 S^{n-1}: $|\xi| = 1$ 的一个有限的覆盖,使得对于原点的一个邻域中的(x,t),对于 $\xi\in\Omega_\nu$,存在一个非负光滑矩阵 r_ν 使得在 Ω_ν 中

$$r_\nu h r_\nu^{-1} \text{ 是 Jordan 标准型.} \tag{7.3}$$

令 $\{\phi_\nu^2\}$ 是 S^{n-1} 上的一个从属于 $\{\Omega_\nu\}$ 的 C^∞ 单位分解:

$$\sum \phi_\nu^2(\xi) \equiv 1 (\xi \in S^{n-1}).$$

把每一个 ϕ_ν 光滑地拓展到 $\mathbf{R}^n$,使得当 $|\xi| > 1$ 时,它是零次齐次的,并使 $\sum \phi_\nu^2(\xi) \equiv 1$ 仍成立;令 Φ_ν 是相应的拟微分算子. 那么,如果我们令 $U_\nu = \Phi_\nu U$,我们就有

$$\sum \Phi_\nu^2 = I \text{ 和 } \sum_\nu \|U_\nu\|_s^2 = \|U\|_s^2, \quad \text{对于 } s = 0 \text{ 或 } 1. \tag{7.4}$$

再则,由拟微分算子的性质,我们看到

$$\| D_t U + HU \|^2 = \sum_\nu \| \Phi_\nu (D_t U + HU) \|^2 = \sum_\nu \| D_t U_\nu + HU_\nu \|^2 + O(\| U \|^2). \quad (7.5)$$

误差项 $O(\| U \|^2)$ 来自 $[\Phi_\nu, H]$ 这样的项,$[\Phi_\nu, H]$ 是一个零阶拟微分算子,因而在 L_2 中是有界的.

我们将证明:对每个 ν,有

$$\int_0^T w \| U_\nu \|^2 \mathrm{d}t \leqslant C(k^{-1} + T^2) \int_0^T w \| (D_t U_\nu + HU_\nu) \|^2 \mathrm{d}t + C \int_0^T w \| U \|_{-1}^2 \mathrm{d}t. \quad (7.6)$$

在(7.6)两端对 ν 求和,并利用(7.4),(7.5),我们看到

$$\int_0^T w \| U \|^2 \mathrm{d}t \leqslant C(k^{-1} + T^2) \int_0^T w \| (D_t U + HU) \|^2 \mathrm{d}t + C(k^{-1} + T^2) \int_0^T w \| U \|^2 \mathrm{d}t + C \int_0^T w \| U \|_{-1}^2 \mathrm{d}t.$$

若 $(k^{-1} + T^2) C < \frac{1}{2}$,鉴于不等式

$$\| U \|_{-1}^2 \leqslant C\Big(\sum_{|\alpha| < m-1} \| D^\alpha u \|^2 + \| D_t^{m-1} u \|_{-1}^2 \Big),$$

就推得(6.1)′.

在证明(7.6)过程中,我们将利用对应于算符 r_ν 的算子;然而它们只在 Ω_ν 中定义,为了回避这个困难,我们注意,若我们在 ϕ_ν 的支集外变更算符 h,则 HU_ν 是不变的. 不难构造一个当 $|\xi| > 1$ 时对于 ξ 是一次齐次的算符 $h_\nu(x,t,\xi)$,在 $\operatorname{supp} \phi_\nu$ 上它与 h 重合,并且它可以大范围地化为Jordan标准型. 例如,令 ψ_ν 是把整个球面 $|\xi| = 1$ 映入 Ω_ν 的一个光滑映射,使得 ψ_ν 在 $\operatorname{supp} \phi_\nu$ 上是1,并令

$$h_\nu(x,t,\xi) = h(x,t,\psi_\nu(\xi)) \quad |\xi| = 1.$$

然后把 h_ν 光滑地拓展到所有 ξ,使得当 $|\xi| > 1$ 时它是 ξ 的一次齐次函数. 现在可以用一个我们仍记为 r_ν 的光滑算符在 $|\xi| = 1$ 上把新算符 h_ν 化为Jordan标准型 j_ν:$r_\nu h_\nu r_\nu^{-1} = j_\nu$. 令 $H_\nu, J_\nu, R_\nu, S_\nu$ 分别是一阶、一阶、零阶、零阶的拟微分算子,它们的算符分别是 $h_\nu, j_\nu, r_\nu, r_\nu^{-1}$. 在下面,所有拟微分算子只作用在 x 变量上. 令 $R_\nu U_\nu = V_\nu$,我们有

$$HU_\nu = H_\nu U_\nu + M_\nu U_\nu,$$

其中 M_ν 是一个无穷光滑算子,即一个任意阶的算子;也有

$$U_\nu = S_\nu v_\nu + T_{-1} U_\nu,$$

其中 T_{-1} 是 -1 阶的,因此有

$$\| U_\nu \| \leqslant C \| V_\nu \| + C \| U_\nu \|_{-1}. \tag{7.7}$$

这样,我们从拟微分算子的互换性质即得到

$$R_\nu(D_t U_\nu + HU_\nu) = D_t V_\nu + R_\nu H_\nu S_\nu V_\nu + T_0 U_\nu = D_t V_\nu + J_\nu V_\nu + T'_0 U_\nu,$$

其中 T_0 和 T'_0 是零阶的. 由此即得

$$\| D_t V_\nu + J_\nu V_\nu \| \leqslant C \| D_t U_\nu + HU_\nu \| + C \| U_\nu \|. \tag{7.8}$$

利用(7.7)和(7.8)容易看到,(7.6)能从下述对每个 ν 成立的不等式推得:当 k^{-1}, T 充分小时,有

$$\int_0^T w \| V_\nu \|^2 \mathrm{d}t \leqslant C(k^{-1} + T^2) \int_0^T w \| D_t V_\nu + J_\nu V_\nu \|^2 \mathrm{d}t. \tag{7.9}$$

这样,我们已经把(7.6)简化为用算子 J_ν 代替了算子 H 的情形,因此我们就不妨分别考虑每一个对角线单元. 此时,我们必须与 1×1 块,即纯量情形打交道,或者与 2×2 Jordan 块打交道. 这两种情形是借助于下面的引理来处理的,在这个引理中,$A = A(t)$, $B = B(t)$ 是关于 x 变量的一阶拟微分算子,它们随 t 光滑地变动,并具有实算符. 算子 B 是椭圆的,即,它的算符——当 $|\xi| > 1$ 时是一次齐次的——在 $|\xi| = 1$ 上是有界的,且处处不为零. 函数 $z(x,t)$ 的支集在 $0 \leqslant t \leqslant T$ 中;和上面一样,$w = \mathrm{e}^{k(T-t)^2}$.

引理 2 当 T 和 k^{-1} 充分小时,下列各不等式成立:

$$\int_0^T w \| z \|^2 \mathrm{d}t \leqslant Ck^{-1} \int_0^T w \| D_t z - A(t) z \|^2 \mathrm{d}t, \tag{7.10}$$

$$\int_0^T w \| z \|^2 \mathrm{d}t \leqslant Ck^{-1} \int_0^T w \| D_t z - A(t) z - \mathrm{i}B(t) z \|^2 \mathrm{d}t, \tag{7.11}$$

$$\int_0^T w (\| \Lambda z \|^2 + \| D_t z \|^2) \mathrm{d}t \leqslant C(1 + kT^2) \int_0^T w \| D_t z - A(t) z - \mathrm{i}B(t) z \|^2 \mathrm{d}t, \tag{7.12}$$

这里 C 与 k, T, z 无关.

这个引理将在后面证明. 我们将首先指出如何证明(7.9). 因为对每一个 ν 而言推理是一样的,因此我们将只对其中一个 ν 证明它,事实上,我们将简单地去掉这个下标 ν. 像上面指出的一样,因为 J 的算符是 Jordan 型的,因此我们只需分别考虑每一个对角线单元 1×1 块或 2×2 块. 首先考虑一个 1×1 块,并令 z 表示 U 的相应的分量. 对于这个分量,不等式(7.9)取下述形式

$$\int_0^T w \| z \|^2 \mathrm{d}t \leqslant C(k^{-1} + T^2) \int_0^T w \| D_t z - \lambda(x,t,D_x) z \|^2 \mathrm{d}t, \tag{7.9$'$}$$

其中,$\lambda(x,t,\xi) = a(x,t,\xi) + \mathrm{i}b(x,t,\xi)$ 是相应的根,即 h 的特征值的负值,即 $-\lambda$ 是 $j(x,t,\xi)$ 的一个对角线元素. 由假设,λ 或者是实的,即 $b = 0$,或者在 $|\xi| = 1$ 上 $b(x,t,\xi)$ 有界且处处不等于零. 这样,$\lambda(x,t,D_x) = A(t) + \mathrm{i}B(t)$,这里 $A(t)$ 和 $B(t)$ 是算符分别为 a 和 b 的拟微分算子. 因而我们可以应用这个引

理;若 $b=0$,则(7.9)′由(7.10)推得,否则,(7.9)′由(7.11)推得.

现在考虑一个 2×2 对角线块,并用 ν 和 z 表示 U 的相应分量. 若 $\lambda(x,t,\xi)=a+\mathrm{i}b$ 是相应的根,则 b 在 $|\xi|=1$ 上有界且处处不等于零. D_tU+JU 的 2×2 块取下述形式

$$D_t\nu-(A(t)+\mathrm{i}B(t))\nu+\Lambda z\equiv f_1,\tag{7.13}$$

$$D_tz-(A(t)+\mathrm{i}B(t))z\equiv f_2,\tag{7.14}$$

其中 f_1 和 f_2 就是在这里被定义的. 要证明的不等式(7.9)的形式现在是

$$\int_0^T w(\|z\|^2+\|\nu\|^2)\mathrm{d}t\leqslant C(k^{-1}+T^2)\times\int_0^T w(\|f_1\|^2+\|f_2\|^2)\mathrm{d}t.\tag{7.9$''$}$$

把(7.11)应用到(7.14)上去,像在(7.9)′的证明中一样,我们得到相应的不等式

$$\int_0^T w\|z\|^2\mathrm{d}t\leqslant Ck^{-1}\int_0^T w\|f_2\|^2\mathrm{d}t.\tag{7.15}$$

此外,从(7.12)我们有

$$\int_0^T w\|\Lambda z\|^2\mathrm{d}t\leqslant C(1+kT^2)\int_0^T w\|f_2\|^2\mathrm{d}t.\tag{7.16}$$

把方程(7.13)写为

$$D_t\nu-(A+\mathrm{i}B)\nu=f_1-\Lambda z,$$

然后把(7.11)应用到这个新方程上去,我们就得到

$$\int_0^T w\|\nu\|^2\mathrm{d}t\leqslant Ck^{-1}\int_0^T w(\|f_1\|^2+\|\Lambda z\|^2)\mathrm{d}t.$$

由(7.16),这就给出

$$\int_0^T w\|\nu\|^2\mathrm{d}t\leqslant Ck^{-1}\int_0^T w\|f_1\|^2\mathrm{d}t+C(k^{-1}+T^2)\int_0^T w\|f_2\|^2\mathrm{d}t,$$

这个不等式结合(7.15)就给出(7.9)″.

最后,为了完成唯一性定理的证明,我们必须证明引理 2.

引理 2 的证明 一般地(当 $B\equiv 0$ 或 B 是椭圆时)令

$$D_tz-(A(t)+\mathrm{i}B(t))z=f$$

和

$$\exp\left[\frac{k}{2}(T-t)^2\right]z=u,$$

因此,有

$$\int_0^T w\|z\|^2\mathrm{d}t=\int_0^T\|u\|^2\mathrm{d}t.\tag{7.17}$$

此时,有 $\exp\left[\frac{k}{2}(T-t)^2\right]f=D_tu-A(t)u-\mathrm{i}B(t)u+\mathrm{i}k(t-T)u$

和

$$I = \int_0^T \exp[k(T-t)^2] \|f\|^2 \mathrm{d}t =$$

$$I_1 + I_2 + 2\mathrm{Re}\int_0^T (D_t u - Au, -\mathrm{i}Bu + \mathrm{i}k(t-T)u)\mathrm{d}t \qquad (7.18)$$

其中

$$\begin{cases} I_1 = \int_0^T \|D_t u - Au\|^2 \mathrm{d}t \\ I_2 = \int_0^T \|Bu - k(t-T)u\|^2 \mathrm{d}t \end{cases} \qquad (7.18)'$$

而(,) 则表示 x 的函数的纯量积.

现在容易看到

$$2\mathrm{Re}\int_0^T (D_t u, \mathrm{i}k(t-T)u)\mathrm{d}t = k\int_0^T (u,u)\mathrm{d}t$$

因而

$$I \geqslant I_1 + I_2 + k\int_0^T \|u\|^2 \mathrm{d}t + 2\mathrm{Re}\int_0^T (D_t u - Au,$$

$$-\mathrm{i}Bu)\mathrm{d}t - 2\mathrm{Re}\int_0^T (Au, \mathrm{i}k(t-T)u)\mathrm{d}t. \qquad (7.19)$$

(7.19) 的最后一项等于

$$-\mathrm{i}\int_0^T ((A^* - A)u, k(t-T)u)\mathrm{d}t,$$

其中 $A^*(t)$ 是 A 的伴随. 利用拟微分算子的一般性质我们知道,因为 A 的算符是实的,因而 A 和 A^* 相差一个零阶算子,因此(7.19) 中的末一项的绝对值不大于

$$CTk\int_0^T \|u\|^2 \mathrm{d}t.$$

选择 T 这样小,使 $CT \leqslant \frac{1}{3}$,则我们从(7.19) 就看到

$$I \geqslant I_1 + I_2 + \frac{2k}{3}\int_0^T \|u\|^2 \mathrm{d}t + 2\mathrm{Re}\int_0^T (D_t u - Au, -\mathrm{i}Bu)\mathrm{d}t. \qquad (7.19)'$$

这样,若我们在(7.19)′ 中取 $B = 0$,由于(7.17),我们就得到(7.10).

为了推导(7.11),(7.12). 我们假定 B 是椭圆的. (7.19)′ 的最后一项等于

$$I_3 = 2\mathrm{Re}\int_0^T (D_t u, -\mathrm{i}Bu)\mathrm{d}t + 2\mathrm{Re}\int_0^T (u, \mathrm{i}A^* Bu)\mathrm{d}t.$$

因为 A 和 B 的算符都是实的,像上述一样我们看到,$\mathrm{i}B$ 加上它的伴随是一个有界算子,并且,$\mathrm{i}A^*B$ 加上它的伴随是一个一阶算子. 因此,像上述一样,因为$\frac{\mathrm{d}B}{\mathrm{d}t}$是一阶的,因此推得

$$I_3 \geqslant -\int_0^T \left(u, \frac{\mathrm{d}B}{\mathrm{d}t}u\right)\mathrm{d}t - C\int_0^T \|u\| \cdot \|\Lambda u\|\,\mathrm{d}t - C\int_0^T \|u\|\,\|D_t u\|\,\mathrm{d}t \geqslant$$

$$-C\int_0^T \|u\| \cdot (\|\Lambda u\| + \|D_t u\|)\,\mathrm{d}t.$$

像通常一样,这里 C 表示不同的与 u,k,T 无关的常数. 由此以及(7.19)′,人们容易推导出不等式

$$I \geqslant \frac{1}{2}I_1 + I_2 + (k - C)\int_0^T \|u\|^2\mathrm{d}t - C\int_0^T \|u\| \cdot \|\Lambda u\|\,\mathrm{d}t. \quad (7.20)$$

现在我们利用这个事实:因为 B 是椭圆的,因此它有一个"逆"$E(t)$,$E(t)$ 也是一个拟微分算子,然而是 -1 阶的,它使得 $EB = I +$ 一个 -1 阶算子. 特别我们可以推出

$$\|\Lambda u\| \leqslant C\|Bu\| + C\|u\|.$$

因此 $$\|\Lambda u\| \leqslant C\|Bu - k(t - T)u\| + C(1 + kT)\|u\|.$$

因而,回忆一下(7.18)′中 I_2 的定义,我们就看到

$$C\int_0^T \|u\| \cdot \|\Lambda u\|\,\mathrm{d}t \leqslant \frac{1}{2}I_2 + C(1 + kT)\int_0^T \|u\|^2\mathrm{d}t, \quad (7.21)$$

并也有

$$\int_0^T \|\Lambda u\|^2\mathrm{d}t \leqslant CI_2 + C(1 + k^2T^2)\int_0^T \|u\|^2\mathrm{d}t. \quad (7.22)$$

把(7.21)应用到(7.20)中去,我们得到

$$I \geqslant \frac{1}{2}I_2 + k\int_0^T \|u\|^2\mathrm{d}t - C(1 + kT)\int_0^T \|u\|^2\mathrm{d}t.$$

若 $CT < \frac{1}{2}$ 和 $k > 4C$,鉴于(7.17),就得到不等式(7.11);即,我们有

$$I \geqslant \frac{1}{2}I_2 + \frac{k}{4}\int_0^T \|u\|^2\mathrm{d}t. \quad (7.23)$$

利用(7.22),由(7.23)即得

$$\int_0^T \|\Lambda u\|^2\mathrm{d}t \leqslant CI + C(1 + k^2T^2)\int_0^T \|u\|^2\mathrm{d}t.$$

但因为我们从(7.23)知道 $k\int_0^T \|u\|^2\mathrm{d}t \leqslant 4I$,因此得到

$$\int_0^T \|\Lambda u\|^2\mathrm{d}t \leqslant C(1 + kT^2)I.$$

或用 z 来说,有

$$\int_0^T w\|\Lambda z\|^2\mathrm{d}t \leqslant C(1 + kT^2)\int_0^T w\|f\|^2\mathrm{d}t,$$

这不等式是不等式(7.12)的一半. 因为显然有

$$\|D_t z\| \leqslant C\|\Lambda z\| + \|f\|,$$

余下的一半也就得到了.

引理 2 就这样被证明了,因而定理 5 的证明就完全了.

定理5′的证明 我们可以遵循定理5的证明. 现在我们的情形和定理5的情形的唯一差别在于有关单根的假设. 因此要完成证明,我们只要在

$$\lambda = a + \mathrm{i}b$$

是根 $\tau_j(x,t,\xi)$ 之一的情形证明(7.9)′ 即可. 我们必须考虑三种情形: $(4)_1$, $(4)_2$ 和 $(4)_3$. 情形 $(4)_2$ 已在定理5 中处理了,所以我们只需考虑 $(4)_1$ 和 $(4)_3$.

我们要证明

$$\int_0^T w \| z \|^2 \mathrm{d}t \leqslant C(k^{-1} + T^2) \int_0^T w \| D_t z - Az - \mathrm{i}Bz \|^2 \mathrm{d}t \tag{7.24}$$

其中,A 和 B 分别是算符为 $a(x,t,\xi)$ 和 $b(x,t,\xi)$ 的一阶拟微分算子. 因为这些算符都是实的,我们就可以在 a 和 b 上加上适当的低次项,使得 $A = A^*$, $B = B^*$. 当 k^{-1} 和 T 充分小时,这些将不影响(7.24).

遵循引理 2 的证明,我们令

$$\begin{cases} D_t z - (A + \mathrm{i}B)z = f, \ \exp[(k/2)(T-t)^2]z = u, \\ \exp[(k/2)(T-t)^2]f = g = D_t u - Au - \mathrm{i}Bu + \mathrm{i}k(t-T)u. \end{cases} \tag{7.25}$$

假定我们是处在 $(4)_3$ 的情形;像前面一样,我们得到(7.19)′. 回忆起 $A = A^*$, $B = B^*$,则(7.19)′ 的最后一项是

$$I_3 = 2\mathrm{Re}\int_0^T (D_t u, -\mathrm{i}Bu)\mathrm{d}t + 2\mathrm{Re}\int_0^T (u, \mathrm{i}ABu)\mathrm{d}t.$$

一个直接的计算指出

$$I_3 = \mathrm{Re}\int_0^T (u, -B_t u + \mathrm{i}(AB - BA)u)\mathrm{d}t.$$

然而, $-B_t + \mathrm{i}(AB - BA)$ 的(一阶的) 主算符是

$$-b_t + a_{\xi_j} b_{x^j} - a_{x^j} b_{\xi_j}$$

由条件 $(4)_3$, 它是非负的. 因而我们可以应用第 5 节性质(6) 中的精密的 Gårding 不等式而推得

$$I_3 \geqslant -C \| u \|^2.$$

将此代入(7.19)′,我们得到

$$I \geqslant I_1 + I_2 + \left(\frac{2k}{3} - C\right)\int_0^T \| u \|^2 \mathrm{d}t \geqslant$$

$$\left(\frac{2k}{3} - C\right)\int_0^T \| u \|^2 \mathrm{d}t.$$

由(7.17),这就给出(7.24).

最后,假定我们是处在 $(4)_1$ 的情形. 由(7.25) 我们看到

$$\partial_t(u,u) = 2\mathrm{Re}(u_t, u) = 2\mathrm{Re}\ \mathrm{i}(Au,u) - 2\mathrm{Re}(Bu,u) +$$

$$2k(t-T)\|u\|^2+2\mathrm{Re}(\mathrm{i}g,u). \tag{7.26}$$

再一次利用精密的 Gårding 不等式，我们得到

$$2\mathrm{Re}(Bu,u)>-C\|u\|^2.$$

这样，也利用 $A=A^*$，我们就得到

$$\partial_t(u,u)\leqslant C\|u\|^2+C\|g\|\cdot\|u\|.$$

两端乘以 $T-t$ 并积分，我们得到

$$\int_0^T\|u\|^2\mathrm{d}t\leqslant TC\int_0^T\|u\|^2\mathrm{d}t+CT\Big[\int_0^T\|u\|^2\mathrm{d}t\Big]^{\frac{1}{2}}\Big[\int_0^T\|g\|^2\mathrm{d}t\Big]^{\frac{1}{2}},$$

由此推得，对小的 T 有

$$\int_0^T\|u\|^2\mathrm{d}t\leqslant CT^2\int_0^T\|g\|^2\mathrm{d}t,$$

这就再一次得出(7.24).

8. 波前集和奇性的传播

Hörmander 和 Sato(在解析的情形)引进了一个极为基本的概念，这个新的基本概念被称为广义函数的波前集(wave front set)(或奇谱(singular spectrum))，它是广义函数的奇异支集概念的细致化. 波前集是余切空间的点 (x,ξ) 的一个集合，它在底空间的投影是奇异支集. 我们将要用非不变的方式定义它，然后对它的不变性作若干注记.

让我们回忆一下一个广义函数 $u(x)$ 的奇异支集的概念. 所谓一个点 x_0 不属于 $u(x)$ 的奇异支集，即是说在 x_0 的一个邻域中 u 是 C^∞ 的，或者，存在一个具紧支集的 C^∞ 函数 $v(x)$，即，它的 Fourier 变换满足：

对任意 N，当 $|\xi|\to\infty$ 时，$(1+|\xi|)^N\tilde{v}(\xi)$ 是有界的，在 x_0 的一个邻域中 v 和 u 重合.

定义 我们说，一个点 (x_0,ξ^0) $(\xi^0\in R^n\backslash 0)$ 不属于 $u(x)$ 的波前集(表示为 WFu)，若存在一个具紧支集的函数 $v(x)$，在 x_0 的一个邻域中它与 u 重合，并且，它的 Fourier 变换满足条件：在 ξ 空间中存在一个锥 Γ

$$\Gamma:\left|\frac{\xi}{|\xi|}-\frac{\xi^0}{|\xi^0|}\right|<\varepsilon,$$

使得对每个 N，当 $|\xi|\to\infty$ 时，$(1+|\xi|)^N\tilde{v}(\xi)$ 在 Γ 中是有界的.

这样，u 的波前集 WFu 是 (x,ξ) 空间中的一个闭锥集合.

注 8.1 不难验证，若 v 具有上述性质，则 $\zeta_1 v$ 也具有上述性质，这里 ζ_1 是一个 C^∞ 函数，在 x_0 的一个邻域中它等于 1，并且它的支集在 v 的支集的内部. 所

以,我们可以取 v 为 ζv 的形式,其中 $\zeta \in C_0^\infty$,并且在 x_0 的一个邻域中 $\zeta \equiv 1$.

波前集的另一描述由下述引理给出.

引理3 一个点(x_0,ξ^0)不属于(具有紧支集的)u 的波前集$\Leftrightarrow$存在一个具有主算符 $a(x,\xi)$ 的零阶拟微分算子 A,使得

$$a(x_0,\xi^0) \neq 0,\ 并且 Au \in C^\infty \tag{8.1}$$

注8.2 若这样一个 A 存在,则由注5.2,我们可以找到一个算子 A',使得 $B = A'A$ 的全算符在邻近(x_0,ξ^0)处恒等于1,因而我们可以断言,若(x_0,ξ^0)不属于 WFu,则存在一个零阶拟微分算子 B,使 $Bu \in C^\infty$,并且 B 的全算符在(x_0,ξ^0)的一个邻域中等于1.

引理3的证明 (a) 设$(x_0,\xi^0) \notin WFu$,那么 $u = v + w$,这里 v 如上面所述,对每个 N,在 Γ 内满足 $\tilde{v}(\xi) = O(|\xi|^{-N})$. 令 A 是一个以 $\zeta(x)\chi(\xi)$ 为算符的拟微分算子,这里 χ 当 $|\xi| > 1$ 时是零次齐次的,它的支集在 Γ 中,并有 $\chi(\xi^0) = 1$,而 ζ 的支集在 x_0 附近,使得在 supp w 上 $\zeta \equiv 0$. 这样就有

$$Au = Av + Aw.$$

由注5.1 我们知道 Aw 是一个 C^∞ 函数,同时 $Av(x)$ 等于 $\zeta(x)$ 乘以函数 $\chi(\xi)\tilde{v}(\xi)$ 的Fourier逆变换,函数$\chi(\xi)\tilde{v}(\xi)$ 在无穷远处趋于零的速度比$|\xi|$ 的任何幂都快;所以 $Av \in C^\infty$.

(b) 假设存在一个算子 A 满足(8.1),这样,在(x_0,ξ^0)处 A 是椭圆的. 由注5.2,我们可以构造一个拟微分算子 Q,使得 QA 的算符在一个锥邻域 Ω:$\{|x - x_0| < \varepsilon$,并且 ξ 在一个围绕 ξ^0 的锥 Γ 中$\}$中恒等于1(对$|\xi| > 1$). 令 $v = \zeta u$,其中 $\zeta(x) \in C_0^\infty$,当$|x - x_0| < \frac{\varepsilon}{4}$ 时它恒等于1,当$|x - x_0| \geqslant \frac{\varepsilon}{2}$ 时 $\zeta \equiv 0$. 令$\chi(\xi)$ 是一个 C^∞ 函数,当$|\xi| > 1$ 时是零次齐次的,它的支集在 Γ 中,并在 ξ^0 的一个邻域中恒等于零.

我们将证明$\chi(D)v$ 是一个 C^∞ 函数,我们留给读者作为习题去证明:因此,有

$$\chi(\xi)\tilde{v}(\xi) = O(|\xi|^{-N}),\ 对任何 N,当 |\xi| \to \infty 时,$$

(由于 $x(D)v$ 并没有紧支集,所以这个事实不是很显然的.)我们有

$$\begin{aligned}\chi(D)v &= QA\chi(D)\zeta v + (I - QA)\chi(D)v = \\ &\chi(D)\zeta QAu + [QA,\chi(D)\zeta]u + (I - QA)\chi(D)v.\end{aligned}$$

由 Q 和 χ 的构造我们看到,$(I - QA)\chi(D)$ 的全算符恒等于零,因而$(I - QA)\chi(D)v$ 是一个 C^∞ 函数. 同样,$[QA,\chi(D)\zeta]$ 的算符也恒等于零,因此$[QA,\chi(D)\zeta]u$ 也是一个 C^∞ 函数. 最后,因为由假设,Au 是 C^∞ 的,因此$\chi(D)\zeta QAu$ 也是 C^∞ 的,因此推得$\chi(D)v$ 是 C^∞ 的. 证毕.

由引理3可以证明:u 的波前集在余切空间上是能够定义的. 这是因为拟微分算子可以在流形上定义,而它们的主算符在余切空间上是不变地定义的.

引理4 WFu 在底空间的投影($(x_0,\xi^0)\mapsto x_0$)恰是 u 的奇异支集.

证明 (a) 由定义我们看到,或 $x_0\notin \text{sing supp}\, u$,则对于每个 $\xi^0\neq 0$,(x_0,ξ^0) 不属于 $W\,Fu$.

(b) 假设 x_0 不属于 WFu 的投影,即对每个 $\xi^0\in \mathbf{R}^n\backslash 0$,点 (x_0,ξ^0) 不属于 $W\,Fu$,利用注8.1我们看到,对每个 $\xi^0(|\xi^0|=1)$,存在一个 C_0^∞ 函数 $\zeta_{\xi^0}(x)$ 和一个围绕 ξ^0 的锥 Γ_{ξ^0},使得在邻近 x_0 时 $\zeta_{\xi^0}(x)\equiv 1$,并使得在 Γ_{ξ^0} 中,当 $|\xi|\to\infty$ 时

$$\widetilde{\zeta_{\xi^0}u}=O(|\xi|^{-N}).$$

我们可以选取有限个这样的 ξ^0,记为 ξ^i,使得 Γ_{ξ^i} 的并集覆盖整个 ξ 空间. 因此,对于 $\zeta=\Pi_i\zeta_{\xi^i}$,我们有(仍利用注8.1),对所有 N,当 $|\xi|\to\infty$ 时

$$\widetilde{\zeta u}=O(|\xi|^{-N}).$$

因而,ζu 是一个 C^∞ 函数,而 x_0 不属于 $\text{sing supp}\, u$. 这样,引理4就被证明了.

我们证明过拟微分算子都是拟局部的,下面的引理则是这个事实的细致化.

引理5 若 $(x_0,\xi^0)\notin WFu$,则对任何拟微分算子 P,都有 $(x_0,\xi^0)\notin WF(Pu)$.

证明 由注8.1,存在一个拟微分算子 A,它的算符 a 在 (x_0,ξ^0) 的一个锥邻域 Ω 中恒等于1,使得 $Au\in C^\infty$. 令 B 是一个以 $b(x,\xi)$ 为算符的拟微分算子,$b(x,\xi)$ 的支集在 Ω 中,当 $|\xi|>1$ 时 $b(x,\xi)$ 是 ξ 的零次齐次函数,并有 $b(x_0,\xi^0)=1$. 我们有

$$BPu=PBu+[B,P]u.$$

因为 B 和 $[B,P]$ 的算符的支集都在 Ω 中,我们就看到,$B-BA$ 和 $[B,P]-[B,P]A$ 都是无穷光滑算子. 这样,因为 $Au\in C^\infty$,所以 $PBu=PBAu+$一个 C^∞ 函数 $=$ 一个 C^∞ 函数. 类似地,$[B,P]u-[B,P]Au$ 也在 C^∞ 中,因此 $[B,P]u$ 也在 C^∞ 中. 这样,BPu 属于 C^∞,所以 $(x_0,\xi^0)\notin WF(Pu)$. 证毕.

假设 u 是微分方程 $Pu=f\in C^\infty$ 的一个解,并假设对某个 (x_0,ξ^0),有 $p(x_0,\xi^0)\neq 0$,这里 p 是 P 的主算符. 那么,由引理3,点 (x_0,ξ^0) 不属于 WFu. 事实上容易证明,若我们仅假定 (x_0,ξ^0) 不属于 WFf,则同样的结论仍成立(留给读者作为习题). 这样,有

$$WFu\subset WFf\cap\{(x,\xi)\mid p(x,\xi)=0\}.$$

利用波前集,我们来证明一个与 $Pu=f$ 的解的奇性的传播有关的漂亮的结果. 这个结果是 Hörmander 获得的,他在[15]和[17]中给出了两个证明. 我们

将给出其第一个证明,虽然第二个证明给出更精密的信息.

这个结果利用了余切(x,ξ)空间中实函数$p(x,\xi)$的次特征线. 为了说明这个概念,让我们首先回忆一下两个(纯量)拟微分算子P和Q的交换子的算符的表达式. 若这两个算子的主算符分别是$p(x,\xi)$和$q(x,\xi)$,则(参阅(5.10))$[P,Q]$的主算符是

$$\frac{1}{\mathrm{i}}\sum_j\left(\frac{\partial p}{\partial \xi_j}\frac{\partial q}{\partial x^j}-\frac{\partial p}{\partial x^j}\frac{\partial q}{\partial \xi_j}\right)=\frac{1}{\mathrm{i}}\sum_j\left(\frac{\partial p}{\partial \xi_j}\frac{\partial}{\partial x^j}-\frac{\partial p}{\partial x^j}\frac{\partial}{\partial \xi_j}\right)q\equiv$$
$$\frac{1}{\mathrm{i}}H_p q\equiv-\frac{1}{\mathrm{i}}H_q p, \tag{8.2}$$

这里定义了两个一阶微分算子(在x,ξ变量空间)H_p、H_q,它们被称为Hamilton算子. 若p是实的,则如在第1节中一样,算子H_p是一个实的方向导数,而相应的被称为次特征线的积分曲线是满足Hamilton - Jacobi方程组

$$\begin{cases}\dot{x}=p_\xi\\ \dot{\xi}=-p_x\end{cases},\quad 或\frac{\mathrm{d}x^j}{\mathrm{d}t}=\frac{\partial p}{\partial \xi_j},\frac{\mathrm{d}\xi_j}{\mathrm{d}t}=-\frac{\partial p}{\partial x^j},\quad j=1,\cdots,n \tag{8.3}$$

的曲线$x=x(t)$,$\xi=\xi(t)$. 因为$H_p p=0$,所以我们看到,在每一条这种曲线上p总是常数;其中有一些,在它上面p为零,被称为p的零 - 次特征(线).

现在回到Hörmander的结果上来. 我们考虑一个以实的p为主算符的偏微分算子P,以及

$$Pu=f\in C^\infty$$

的一个解u.

定理6 假设(x_0,ξ^0)属于WFu. 假设

$$\mathrm{grad}_\xi\, p(x_0,\xi^0)\neq 0.$$

因此通过(x_0,ξ^0)的零 - 次特征(8.3)在(x_0,ξ^0)附近是确定的. 把这条零 - 次特征最大限度地扩张为一连通的零 - 次特征,在其上$\mathrm{grad}_\xi p\neq 0$,我们用$\Gamma$表示扩张后的零 - 次特征. 则整个曲线$\Gamma$属于$WFu$.

作为一个推论,我们看到,Γ的整个投影$x(t)$属于sing supp u.

我们要证明:若Γ上的一点$(\bar{x},\bar{\xi})$不属于WFu,则整个Γ不属于WFu. 稍稍变更一下推理,我们可以证明,若Γ上没有点属于WFf,则整个Γ不在WFu中. 我们不妨假设u有紧支集. 人们只需在Γ上局部地证明这个结果即可,因为这个推理可以沿着Γ继续进行;这是在余切空间中进行推理的引人注目的特点之一.

证明 假设$(\bar{x},\bar{\xi})$在Γ上而不属于WFu,并设$(\partial/\partial\xi_n)p(\bar{x},\bar{\xi})\neq 0$. 则由注8.2,存在一个零阶拟微分算子$A$,使$Au\in C^\infty$,并且在$(\bar{x},\bar{\xi})$的一个邻域中其主算符$a(x,\xi)\equiv 1$. 我们的目的是构造一个零阶拟微分算子$B$,使$Bu\in C^\infty$,并

且沿着 Γ,$b_0(x,\xi) \neq 0$,这里 b_0 是 B 的主算符. 由引理 3,这就证明了定理.

B 将被这样构造:在 Γ 上 $b_0 \neq 0$,使得交换子 $[P,B]$ 是无穷光滑的,即,它有零算符;并且 B 的算符 b 的支集位于 Γ 的一个锥邻域中,使得在平面 $x^n = \bar{x}^n$ 附近 Bu 属于 C^∞. 为了做到这些,我们要确定 B 的算符 $b = b_0 + b_{-1} + \cdots$,这里 b_{-j} 是 $-j$ 阶的. 像我们在上面提到的那样,$[P,B]$ 的主算符是

$$\frac{1}{\mathrm{i}}H_p b_0.$$

我们将选择 b_0 作为 $H_p b = 0$ 的一个解,这样,b_0 在 p 的次特征上是常数. 我们可以找到这样一个 b_0,使 $b_0(\bar{x},\bar{\xi}) = 1$,并使 b_0 的支集在 Γ 的一个小的锥邻域中(利用 p 的齐次性). 即,人们能够在横截于过 $(\bar{x},\bar{\xi})$ 的次特征线的一个超曲面上给出 b_0,并使在 $(\bar{x},\bar{\xi})$ 的一个小邻域外 b_0 为零,而且 b_0 是 ξ 的一次齐次函数. 我们可以保证,对于邻近 $\bar{x}^n$ 的 x^n,在 b_0 的支集上,有 $a \equiv 1$. 这时,所有其余的项 b_{-j} 可以被确定,使得它们的支集在 Γ 的同一个锥邻域中,这样,$[P,B]$ 的算符是零. 例如,为了求 b_{-1},我们考察 $m-2$ 次的项;若

$$P(x,\xi) = p + p_{m-1} + \cdots,$$

则我们必须有

$$\frac{1}{\mathrm{i}}H_p b_{-1} + \frac{1}{\mathrm{i}}H_{p_{m-1}} b_0 + \sum_{|\alpha|=2}\frac{1}{\alpha!}(\partial_\xi^\alpha p D_x^\alpha b_0 - \partial_\xi^\alpha b_0 D_x^\alpha p) = 0.$$

这就沿着 p 的每一条次特征线给出了 b_{-1} 的一个常微分方程,而它是可解的. 如此等等.

这样,我们可以推得

$$PBu = BPu + [P,B]u$$

属于 C^∞,因为右端的两项都属于 C^∞. 再则,对那些邻近 $\bar{x}^n$ 的 x^n,A 的算符在 b 的支集上等于 1,因此 $B(I-A)$ 的算符为零. 因而,对那些邻近 $\bar{x}^n$ 的 x^n,$Bu = B(I-A)u + BAu$ 属于 C^∞.

在 $(\bar{x},\bar{\xi})$ 的一个邻域中,算符 P 可以被析因子为

$$p = (\xi_n - \lambda(x,\xi_1,\cdots,\xi_{n-1}))q,$$

这里 λ 是 $\xi' = (\xi_1,\cdots,\xi_{n-1})$ 的实的一次齐次函数,并且 $q(\bar{x},\bar{\xi}) \neq 0$. 我们可以应用第 5 节的引理 1,并求得一个双曲算子(通过拓展 λ)

$$L = D_n - \lambda(x,D_1,\cdots,D_{n-1}) - \sigma_0(x,D_1,\cdots,D_{n-1})$$

和一个椭圆算子 $Q(x,D)$,使得 $P - LQ$ 的算符在 B 的算符中的各项的支集上为零. 因而 $LQBu$ 属于 C^∞. 因为 Bu 对那些邻近 $\bar{x}^n$ 的 x^n 是属于 C^∞ 的,所以 QBu 也如此.

现在我们可以利用注 5.3,这个注记断言,若数据是光滑的,则始值问题的解也是光滑的. 这样就得到 QBu 属于 C^∞. 因为 Q 是椭圆的,所以我们推得 Bu 属于 C^∞. 证毕.

当 p 是复值时,在某些条件下这个结果已在[6]中被推广了;这些条件是:对于满足 $p(x,\xi)=0$ 的 $\xi\neq 0$,有

(i) $\operatorname{grad}_\xi \operatorname{Re} p$ 和 $\operatorname{grad}_\xi \operatorname{Im} p$ 是线性无关的,

(ii) $H_p\bar{p}=0$

这时,向量场 $H_{\operatorname{Re} p}$ 和 $H_{\operatorname{Im} p}$ 满足第 1 节中提出的 Frobenius 定理的条件,因而,通过每一个使 p 为零的点 (x,ξ),存在唯一的二维曲面 S,在 S 上的每一点处,两个向量场 $H_{\operatorname{Re} p}$ 和 $H_{\operatorname{Im} p}$ 是相切的. 这些曲面 S 现在就起着零 - 次特征的作用,并且在[6]中证明了,若对于 $Pu=f$ 的一个解 u,(x_0,ξ^0) 属于 WFu,则通过 (x_0,ξ^0) 的整个 S 也属于 WFu,除此之外,还证明了 $Pu=f$ 的大范围可解性结果. 定理 6 的其他推广已经在[17]中给出.

9. 次特征和奇性在边界处的反射

在上一节中,我们证明了(Hörmander 定理):设 p 是偏微分算子 P 的具有单实根的实主算符,u 是偏微分方程 $Pu=f\in C^\infty$ 的任一解,则 u 的波前集由 p 的整个零 - 次特征线组成,即:若 (x_0,ξ^0) 属于 WFu,则常微分方程组

$$\begin{cases}\dot{x}=p_\xi,\\ \dot{\xi}=-p_x\end{cases}$$

的通过 (x_0,ξ^0) 的积分曲线 $(x(t),\xi(t))$ 整个在 WFu 中. 那么,若有一个边界出现,并且这些次特征线之一,或更确切地说,它的投影 $x(t)$ 碰到这个边界时,又会发生些什么?

对双曲型方程而言,这种情形已被大量地研究过;例如,在光的传播中,人们考虑几何光学的光线反射问题,属于 Povzner 和 Sukharevskii[30]的下述结果描述了在边界上反射的效应. 譬如,在一个柱形域 $\Omega\times(0\leqslant t<\infty)$ 中考虑两个空间变量 (x,y) 的波动方程,这里 Ω 是 (x,y) 平面中具有光猾边界的一个有界凸域. 令 $u(x,y,t)$ 是始值边值问题

$$\begin{cases}u_{tt}-u_{xx}-u_{yy}=0, & \text{在 } \Omega\times(0<t<\infty) \text{ 中},\\ u=0, & \text{在 } \partial\Omega\times(0<t<\infty) \text{ 上},\\ u=0,u_t=\delta(x-x_0,y-y_0), & \text{当 } t=0,(x,y)\in\Omega \text{ 时}\end{cases}\tag{9.1}$$

的解,其中 $(x_0,y_0)\in\Omega$. 他们研究了解的奇性是怎样从初始点 $(x_0,y_0,0)$ 出发

沿着反射的特征射线传播的. 零 - 次特征线在(x,y,t)空间中的投影(被称为特征射线)都是与垂直于(x,y)平面的t轴成45°角的直线. 当这些射线之一从$(x_0,y_0,0)$出发碰到Ω的边界(指$\partial\Omega \times (0 < t < \infty)$—— 译者注)时,让我们把它作为一折线,在那里用几何反射拓展到$\Omega \times (0,\infty)$中去. 当它再碰到$\partial\Omega$时,它再被反射,这样,对所有$t > 0$继续下去. 从$(x_0,y_0,0)$出发,存在这种特征射线的整个一张曲面(填满一个45°反射锥). 在[30]中证明了,在所有这些射线和它们的反射线的并集之外,这个解属于C^∞. Ω的凸性假设在这里是重要的,其重要性在于,这个假设保证了每一条射线(和它的反射线)到达边界时和边界成一正角度,即,不存在掠射射线(glancing ray). 几何光学中的研究指出,若出现掠射射线,则远较复杂的现象会发生.

在这里我们将介绍一项正在进行的工作,这是 P. D. Lax 和我一起做的,它与上面的结果有关,但是是在一个远较一般的框架中进行的. 此工作推广了关于奇性传播的 Hörmander 定理,提出了在某些边界条件下在边界处的反射(在上面,人们假定了:在边界上$u = 0$). 我愿意表示对 D. Ludwig 的感谢,感谢他和我们作的有益的讨论.

像在第8节中一样,我们将考虑一个m阶偏微分算子P,它的主算符p是实的并有单实根. 我们首先必须解释所谓反射的零 - 次特征线是什么. 考虑x空间中的一个区域Ω. 为了方便起见,我们把这个x空间取为$n+1$维的,因为我们即将把变量之一记为t. Ω的边界的一部分是一个光滑超曲面S,S局部地用$\phi = 0$来表示. 这里ϕ是一个光滑实函数,$\operatorname{grad}\phi \neq 0$,并且在$\Omega$中$\phi > 0$. 从$S$到$\mathbf{R}^{n+1}$中的内射(injection)映射$i$诱导出一个从$\mathbf{R}^{n+1}$的余切$(x,\xi)$空间到$S$的余切空间中的拉回(pullback)映射$i^*$.

这个映射不是一对一的;在任一点$x_0 \in S$处,它把$n+1$维的ξ空间映到一个n维线性空间上. 这可以用下述方式来描绘:对实的λ,所有的点$(x,_0,\xi + \lambda \operatorname{grad}\phi(x_0))$都被映为同一点,即,若$[\operatorname{grad}\phi(x_0)]$表示由$\operatorname{grad}\phi(x_0)$张成的一维空间,则我们可以说$i^*(x_0,\xi) = (x_0,\xi \bmod [\operatorname{grad}\phi(x_0)])$.

注 9.1　在这一点上,我们请注意下述[16,定理2.5.11和2.5.11′]中的结果. 假设u是$\mathbf{R}^{n+1}$中包含$x_0 \in S$的某个开集中定义的一个广义函数. 若在S的每个点x上,点$(x,\operatorname{grad}\phi(x))$不属于$WFu$,则$u$对$S$的限制是有意义的,并且

$$WF(u|_S) \subset i^*(WFu)$$

我们将假设,对算子P而言曲面S是非特征的,即,在S上$p(x,\operatorname{grad}\phi(x)) \neq 0$. 令$x_0$是$S$上的一个点,并令$\xi^0 \in \mathbf{R}^{n+1}\backslash 0$,使得

$$p(x_0,\xi^0) = 0.$$

我们假设,τ的多项式方程

$$p(x_0,\xi^0 + \tau \operatorname{grad}\phi(x_0)) = 0$$

有 k 个实根 $\tau_1,\cdots,\tau_k$(由假设,其中之一是零),它们都是单根,即,对 $j=1,\cdots,k$

$$\frac{\partial}{\partial\tau}p(x_0,\xi^0+\tau_j\text{grad }\phi(x_0))\neq 0,$$

或者, $p_\xi\cdot\phi_x=\sum_1^{n+1}p_{\xi_i}\phi_{x^i}\neq 0$ 在 $(x_0,\xi^0+\tau_j\text{grad }\phi(x_0))$ 处.

对于 $j=1,\cdots,k$,令 Γ_j 是通过点 $(x_0,\xi^0+\tau_j\text{grad }\phi(x_0))$ 的 p 的相应的局部的一半零 - 次特征,它的投影落在 Ω 中,即 Γ_j 是由 Cauchy 问题

$$\begin{cases}\dot{x}=p_\xi,\\ \dot{\xi}=-p_x,\\ (x(0),\xi(0))=(x_0,\xi^0)+\tau_j\text{grad }\phi(x_0))\end{cases}$$

给出的曲线 $x(s),\xi(s)$,但是只考虑这条曲线的一半(即 $s>0$ 或 $s<0$,$|s|$ 充分小),使 $x(s)$ 在 Ω 中. 由有关单根的假设,我们看到在初始点处有

$$\dot{\phi}=\dot{x}\cdot\text{grad }\phi=p_\xi\cdot\text{grad }\phi\neq 0.$$

这样,每一条曲线在 x 空间的投影 $x(s)$ 以一个正角度与曲面 $\phi=0$ 相交,即它是非掠射的.

反射族(reflected family)的定义 在上述条件下,我们说这 k 条曲线 Γ_j 属于相应于 S 的余切空间中的点 $(x_0,\xi^0\text{mod}[\text{grad }\phi(x_0)])$ 的零 - 次特征的同一个反射族.

在某种意义下,零 - 次特征线代表高频束(high frequency beam),即,性状像 $e^{ix\cdot\xi}$ 一样的解,$|\xi|$ 称为频率,而 $\xi/|\xi|$ 则是方向. 两个性状分别像 $e^{ix\cdot\xi}$ 和 $e^{ix\cdot\eta}$ 一样的束属于同一个反射族,若它们在边界上具有同样的性质;而要出现这种情形,当且仅当 $\xi=\eta\text{ mod grad }\phi$.

在谈到反射曲线时,我们并不区别入射线和反射线,这是因为不存在已给定的时间变量. 若我们得区别某一函数 $\sigma(x)$,那么按照 $\dot{\phi}$ 和 $\dot{\sigma}=\text{grad }\sigma\cdot\dot{x}$ 有同号或异号去说反射线和入射线就有意义.

因为我们的讨论将纯粹是局部的,因此我们可以引进 $\phi=t$ 作为一个新变量,并用 $x=(x^1,\cdots,x^n)$ 表示其余的变量;对偶变量将记作 τ 和 $\xi=(\xi_1,\cdots,\xi_n)$. 这里,记号有一些轻微的但是无害的不一致;现在我们有 $p=p(x,t,\xi,\tau)$. 在这个记法下,区域 Ω 是局部地 $t>0$. 相应于点 (x_0,ξ^0) $(\xi^0\in\mathbf{R}^n\backslash 0)$ 的反射族现在容易描述如下. 多项式方程

$$p(x_0,0,\xi^0,\tau)=0$$

有 k 个实根 τ_j,它们都是单根. 上面所说的反射族由从 $(x_0,0,\xi^0,\tau_j)$ 出发的零 - 次特征

$$\begin{cases}\dot{x}=p_\xi,\ \dot{t}=p_\tau,\\ \dot{\xi}=-p_x,\ \dot{\tau}=-p_t\end{cases}\tag{9.2}$$

的位于$t>0$中的那部分Γ_j所组成. 我们重复一遍,即使在(9.1)这样的双曲问题中,t也并不起时间的作用.

在定理6的我们的推广中,我们考虑

$$P(x,t,D_x,D_t)u=f \tag{9.3}$$

的定义在原点在$t\geqslant 0$中的一个半邻域Ω中的一个广义函数解u. 具有C^∞系数和实主算符p的偏微分算子P定义在$\mathbf{R}^{n+1}$中原点的一个邻域中. 再则,假设f是$t\geqslant 0$中的一个C^∞函数. 曲面$t=0$被假定关于P是非特征的. 至于解u,用[12]的记号,我们假定它属于类$H^{\mathrm{loc}}_{(s,s')}(\Omega)$;粗略地说,这就是:$u$有各个$s$阶微商,这些微商自己又有局部地属于$L^2(\Omega)$的对$x$变量的各个$s'$阶微商. 鉴于[12]的定理4.3.1,我们可以假定在$t\geqslant 0$中u对t有各阶微商,这些微商是x的广义函数.

定理7 令$\xi^0\in\mathbf{R}^n\backslash 0$是固定的,并假设$\Gamma_j(j=1,\cdots,k)$是对应于点$(0,\xi^0)$的$p$的零-次特征在$t>0$中的一个反射族. 假定$\Gamma_j(j=1,\cdots,k)$中的$k_0$个$\Gamma_1,\cdots,\Gamma_{k_0}$不属于$WFu$. 再则,假设

$$\begin{cases}(0,\xi^0)\text{ 不在 }D_t^iu\mid_{t=0}\text{ 的波前集中,}\\ \text{对于 }0\leqslant i\leqslant \dfrac{m-k}{2}+k-k_0-1=\kappa.\end{cases} \tag{9.4}$$

那么,所有$\Gamma_j(j=1,\cdots,k)$都不在WFu中,并且,对于每个i,$(0,\xi^0)$不在$WF(D_t^iu\mid_{t=0})$中.

注 因为p是实的,所以对$\xi\in\mathbf{R}^n\backslash 0$,$p(x,t,\xi,\tau)=0$的复根都是成共扼对地出现的,因此$m-k$必定是偶数. 通过考虑下面的若干特殊情形,这定理将被证明;这些特殊情形与下列极端情形有关:(a) $k=m$;这时方程在$(0,\xi^0)$处是"双曲"的. 对于$k_0=0$,条件(9.4)是关于u的满Cauchy数据(即,此时(9.4)中有$0\leqslant i\leqslant m-1$——译者注)的一个条件;若$k_0=k$,则条件(9.4)是空的;而若$0<k_0<k$,则(9.4)是有关Cauchy数据的一部分的:

$$D_t^iu\mid_{t=0}(0\leqslant i\leqslant k-k_0-1).$$

(b) $k=0$;此时算子P对所有实的τ在$(0,\xi^0,\tau)$处是"椭圆"的,条件(9.4)是有关Dirichlet数据的:$D_t^iu\mid_{t=0}$对于$0\leqslant i\leqslant m/2-1$.

回到有关波动方程的Povzner和Sukharevskii的定理,我们注意到,从定理6和定理7容易得到:设$(x,y)\in\Omega,t>0$,点(x,y,t)不在从$(x_0,y_0,0)$出发的任何特征射线或它们的反射线上,则在任一个这样的点(x,y,t)的一个邻域中,解是C^∞的. 这可以自这一点作反向特征射线而看到. 但是若$(x,y)\in\partial\Omega$,则在他们定理中的相应的正规性结论并不由定理6和定理7推得,因为我们没有关于掠射射线的任何分析. 我们希望稍后再回到掠射射线上来.

在定理7的证明中,我们将用到引理5的下述修改. 这里我们考虑$n+1$个变量(x,t)的函数,虽然从证明看,这是清楚的:结论对$t\in\mathbf{R}^k$仍成立.

引理6 令u是t的C^∞函数,取值于x变量的广义函数空间中. 假设$(x_0,t_0,$

$\xi^0,\tau^0)\notin WFu$. 若 $A(x,D_x)$ 是 x 变量的一个拟微分算子,则 $(x_0,t_0,\xi^0,\tau^0)\notin WF(Au)$.

这个结果不是对任何广义函数 u 都是对的;例如,若 $u=\delta(t)\phi(x)$,这里 $\phi\in C_0^\infty$,而在原点的一个邻域中 $\phi\equiv 0$,则对任何 (ξ^0,τ^0),有 $(0,0,\xi^0,\tau^0)\notin WFu$,然而,若在 $(0,0)$ 处 $Au\neq 0$(一般的情形正是这样的),则 $(0,0,\xi^0,\tau^0)$ 将属于 $WF(Au)$. 引理6的证明是直接的,但是是乏味的;它在本节末被给出①.

定理7的证明 用一个适当的截断因子乘 u,我们可以假设 u 有紧支集,它包含在原点在 $t\geqslant 0$ 中的一个邻域中;函数 f 仍旧在原点在 $t\geqslant 0$ 中的一个较小的邻域中属于 C^∞. 对于 $(0,0,\xi^0)$ 的一个邻域中的 (x,t,ξ),令

$$\tau_j(x,t,\xi)\quad(j=1,\cdots,k)$$

是 $p(x,t,\xi,\tau)=0$ 的(单)实根,并假设当 $t>0$ 时从 $(0,0,\xi^0,\tau_j(0,0.\xi^0))(j=1,\cdots,k_0)$ 出发的(半)零-次特征(9.2)都不在 u 的波前集中. k_0 次应用第5节的引理1,我们可以求得 k_0 个光滑地随 t 变动的 x 的拟微分算子 $\sigma_j(x,t,D_x)(j=1,\cdots,k_0)$,它们分别有实主部 $\lambda_j(x,t,\xi)$,在 $(0,0,\xi^0)$ 的一个邻域中 λ_j 等于 $\tau_j(x,t,\xi)$,还可以求得一个算子 $Q_1(x,t,D_x,D_t)$,它是 D_t 的 $m-k_0$ 次多项式,系数是 x 的拟微分算子,并且,Q_1 是"椭圆"的,即,当 $|\xi|+|\tau|>0$ 时它的主算符((ξ,τ) 的 $m-k_0$ 次齐次函数)不等于零;它们使得对于所有的 τ,

$$P(x,t,D_x,D_t)-\prod_1^{k_0}(D_t-\sigma_j(x,t,D_x))Q_1(x,t,D_x,D_t)$$

的算符在 $(0,0,\xi^0)$ 的一个邻域中恒等于零. 这里 $\prod_1^{k_0}(D_t-\sigma_j)$ 表示 $(D_t-\sigma_1)(D_t-\sigma_2)\cdots(D_t-\sigma_{k_0})$. 也对 Q_1 的伴随应用引理1,我们可以求得 $k-k_0$ 个算子 $\sigma_i(x,t,D_x)(i=k_0+1,\cdots,k)$,它们分别有实主部 $\lambda_i(x,t,\xi)$,在 $(0,0,\xi^0)$ 的一个邻域中 λ_i 等于 τ_i,也可以求得一个"椭圆"算子 $Q(x,t,D_x,D_t)$,它是 D_t 的 $m-k$ 次多项式,使得对所有的 τ,D_t 的一个多项式

$$T=P(x,t,D_x,D_t)-\prod_1^{k_0}(D_t-\sigma_j(x,t,D_x))Q(x,t,D_x,D_t)\times\prod_{k_0+1}^{k}(D_t-\sigma_i(x,t,D_x))\tag{9.5}$$

的算符,对于 $(0,0,\xi^0)$ 的一个邻域中的 (x,t,ξ),恒等于零.

定理的证明建筑在两个特殊情形上,这两个特殊情形是纯双曲和椭圆情形标准结果的提炼;它们将不在这里证明.

特殊情形1 考虑一个(5.11)′形的一阶双曲算子

$$L=D_t-\sigma(x,t,D_x),$$

即,σ 有一阶实主算符 λ,并考虑相应的始值问题

① 稿件校样时加注:Hans Duistermaat 曾对我们指出,一个更一般的结果成立,这个结果蕴涵着,一般有 $WF(Au)\subset WFu$,若 WFu 不碰上超曲面 $t=$ 常数的法向量.

$$Lv = g \quad 在\ t_0 \leqslant t \leqslant t_1\ 中,\ v|_{t=t_0} = v_0(x),$$

其中,g 是$[t_0,t_1]$中 t 的一个 C^∞ 函数,取值在 x 的广义函数空间中. 假设$(x_0,\xi^0) \notin WFv$,并令 $\Gamma = (x(t),t,\xi(t),\tau(t))$ 是 $t - \lambda(x,t,\xi) = 0$ 的通过$(x_0,t_0,\xi^0,\lambda(x_0,t_0,\xi^0))$的零 - 次特征. 假设,对于 $i = 0,1,\cdots$,以及对于$[t_0,t_1]$中的每个 t',点$(x(t'),\xi(t'))$不属于 $WF(D_t^i g|_{t=t'})$,并假设,对于 $t_0 < t < t_1$,Γ 不在 WFg 中. 那么,同样的事实对于 v 也是对的,即,对于所有 i 和 $t_0 \leqslant t' \leqslant t_1$,$(x(t'),\xi(t')) \notin WF(D_t^i v|_{t=t'})$,并且,对于 $t_0 < t < t_1$,Γ 不在 WFv 中.

通过考察解的逼近,我们可以证明这个结论,而解的逼近已在注 5.3 之后描述过.

回到(9.5),我们将对于函数

$$v = \prod_{j=2}^{k_0}(D_t - \sigma_j)Q\prod_{k_0+1}^{k}(D_t - \sigma_j)u$$

应用特殊情形 1,函数 v 满足

$$(D_t - \sigma_1(x,t,D_x))v = f - Tu,\ 0 \leqslant t \leqslant t_0. \tag{9.6}$$

我们将应用特殊情形 1 去解决以小的 $t = t_0$ 作为始值曲面的后向始值问题. 函数 u 是 $t \geqslant 0$ 中 t 的一个 C^∞ 函数,取值在 x 的广义函数空间中,而 v 则被表示为 D_t 和作用在 u 上的 x 的拟微分算子的组合. 因而由引理6,当 $t > 0$ 时,零 - 次特征 $\Gamma_1 = (x(t),t,\xi(t),\tau(t))$ 不在 WFv 中,因而,由注9.1,它对 $t = t_0$ 的限制不在 $WF(v|_{t=t_0})$ 中. 除此之外,对小的 t_0,当 $0 \leqslant t \leqslant t_0$ 时,对于所有的 i,$(x(t),\xi(t))$ 不在 $WF(D_t^i Tv(t))$ 中. 由特殊情形 1 即得,对于每个 i,$(0,\xi^0) \notin WF(D_t^i v|_{t_0})$. 我们还看到,对于小的 t_0,$\Gamma_j(j = 1,\cdots,k_0)$ 的限制$(x_j(t),\xi^j(t))$是相互邻近的,且都邻近$(0,\xi^0)$,因而这些限制和$(0,\xi^0)$都不在限制于 $t = t'(0 \leqslant t' \leqslant t_0)$ 的 v 的各阶微商的波前集中. 这样(留给读者作为习题),当 $t > 0$ 时,对于邻近$(0,0,\xi^0)$的(x,t,ξ),对于所有的 τ,有$(x,t,\xi,\tau) \notin WFv$.

我们可以重复这种推理,因而知道同样的事实对于

$$\prod_{3}^{k_0}(D_t - \sigma_j)Q\prod_{k_0+1}^{k}(D_t - \sigma_i)u$$

也是对的;可以继续进行下去. 这样,我们就可以推得,对小的 t_0,函数

$$Q\prod_{k_0+1}^{k}(D_t - \sigma_j)u = g_1 \tag{9.7}$$

在 $t \geqslant 0$ 中满足条件:

> $g_1(x,t)$ 是 $0 \leqslant t \leqslant t_0$ 中 t 的一个 C^∞ 函数,取值在 x 的广义函数空间中,并且对每个 i 和 $0 \leqslant t' \leqslant t_0$,有$(0,\xi^0) \notin WF(D_t^i g_1|_{t=t'})$. 因而,当 $t > 0$ 时,对于邻近$(0,0,\xi^0)$的(x,t,ξ),对于所有的 τ,有$(x,t,\xi,\tau) \notin WFg_1$. (9.8)

其次,函数

$$w = \prod_{k_0+1}^{k}(D_t - \sigma_i)u \tag{9.9}$$

在原点附近满足偶数 $m-k$ 阶"椭圆"方程:

$$Qw = g_1,\ 在\ t \geqslant 0\ 中, \tag{9.10}$$

根据(9.4)(借助于引理5)有

$$\begin{aligned}&(0,\xi^0)\ 不属于\ WF(D_t^i w\mid_{t=0}),\\ &对于\ 0 \leqslant i \leqslant (m-k)/2-1\ 成立.\end{aligned} \tag{9.11}$$

我们可以应用下述情形的结果.

特殊情形2 假设 $Q(x,t,D_x,D_t)$ 是一个偶数 $m-k$ 阶算子,它是 D_t 的一个多项式,系数是 x 的当 $t \geqslant 0$ 时随 t 光滑地变动的拟微分算子,并假设 Q 是"椭圆"的,即,对于实的 τ 和 $\xi \in \mathbf{R}^n$,当 $|\tau|+|\xi| \neq 0$ 时其主算符 q($m-k$ 次齐次的)不为零. 此外再假设对某个 $\xi^0 \in \mathbf{R}^n\backslash 0$,方程 $q(0,0,\xi^0,\tau)=0$ 有 $(m-k)/2$ 个具正虚部的根和 $(m-k)/2$ 个具负虚部的根. 设 w 是(9.10)的一个解,它满足(9.11),并假设 g_1 满足(9.8). 则 w 也满足(9.8).

这个结果是Dirichlet的问题解的熟悉的正则性定理的细致化.(我们注意,标准的正则性定理已经被推广到这里所考虑的这类算子 Q,例如,参阅Agranovich[1].)证明这个结果的一个方法是把Dirichlet问题化为边界 $t=0$ 上的关于Cauchy数据 $D_t^i u\mid_{t=0}(i=0,\cdots,m-k-1)$ 的一个等价的拟微分算子组。这样一种化法已经由几个作者所实现,例如参阅 Hörmander[14,第2.2节]. 这个推理可以推广到形式为我们这里的 Q 上去,并导致关系式

$$D_t^i w\mid_{t=0}(x) = g^i(x) + \sum_{j\leqslant(m-k)/2-1} Q_j^i(x,D_x)D_t^j w\mid_{t=0},$$

$$i = \frac{m-k}{2},\cdots,m-k-1,$$

这里 Q_j^i 都是拟微分算子,而 g^i 由 g_1 确定.

利用条件(9.8)人们可以证明,对每个 i,$(0,\xi^0) \notin WFg^i$. 这样,由条件(9.11)和引理5即得,对

$$i \leqslant m-k-1,\ (0,\xi^0) \notin WF(D_t^i w\mid_{t=0}).$$

对方程(9.10)重复进行微商就得到,对所有的 r,$(0,\xi^0) \notin WF(D_t^r w\mid_{t=0})$. 然后证明(9.8)的余下的部分. 另一个证明可以用[1]中的推理得到.

利用特殊情形2我们推得,由(9.9)给出的 w 满足(9.8).

现在我们可以来结束定理7的证明了:u 满足双曲方程

$$\prod_{k_0+1}^{k}(D_t - \sigma_i(x,t,D_x))u = w,\ 在\ t \geqslant 0\ 中,$$

并且 w 满足(9.8). 再则,由(9.4),有

$$(0,\xi^0) \notin WF(D_t^i u\mid_{t=0}),\quad i \leqslant k-k_0-1.$$

重复 $k-k_0$ 次地利用特殊情形1我们得到,对小的 t_0,当 $0<t<t_0$ 时零-

次特征 $\Gamma_j(j = k_0 + 1,\cdots,k)$ 都不在 WFu 中，并且，对每个 r，$(0,\xi^0) \notin WF(D_t^r u|_{t=0})$. 由定理6，就是对于 $t \geqslant t_0$，零－次特征 $\Gamma_j(j = k_0 + 1,\cdots,k)$ 也都不在 WFu 中，因此定理7得证.

引理6的证明　我们可以假设 A 的算符 $a(x,\xi)$ 有紧支集并是 m 次的. 对适当的 $\zeta(x,t) = \zeta_1(x)\zeta_2(t) \in C_0^\infty$——在 (x_0,t_0) 的一个邻域中 $\zeta_1 \equiv \zeta_2 \equiv 1$，在围绕 (ξ^0,τ^0) 的一个锥中，ζu 的 Fourier 变换衰减得比任何幂都快. 我们将简单地用 ζu 代替 u，即假定 u 有紧支集，因而 $\tilde{u}$ 就有上面这个性质. 在这样做时我们必须断定 $A(x,D)(1-\zeta)u$ 是无害的，即在 (x_0,t_0) 的一个邻域中 $A(x,D)(1-\zeta)u$ 是一个 C^∞ 函数，而就是在这里我们用了关于 u 的额外的假设. 我们可以假设在 $\operatorname{supp}(1-\zeta_1)$ 中 $a(x,\xi) \equiv 0$；这样，因为 u 是取 x 的广义函数值的 t 的 C^∞ 函数，所以 $A(x,D)(1-\zeta)u$ 在 (x_0,t_0) 附近是 C^∞ 的.

我们必须证明，对于 (ξ^0,τ^0) 的一个锥邻域中的 (ξ,τ)，Au 的 Fourier 变换衰减得比 $|\xi|+|\tau|$ 的任何幂都快. 我们有

$$\widetilde{Au}(\xi,\tau) = \int_{R^n} \tilde{a}(\eta-\xi,\eta)\tilde{u}(\eta,\tau)\,\mathrm{d}\eta,$$

其中 $\tilde{a}(\eta-\xi,\eta)$ 是 $a(x,\eta)$ 关于 x 的 Fourier 变换在 $\eta-\xi$ 处的值. 对任一正 N，我们有

$$|\tilde{a}(\eta-\xi,\eta)| \leqslant C_N \frac{(1+|\eta|)^m}{(1+|\xi-\eta|)^N},$$

其中 C_N 将表示依赖于 N 的不同的常数.

情形(i)　首先假设 $\xi^0 = 0$；我们可以假定 $\tau^0 > 0$. 则对于正的 τ，在某个锥 $|\eta| < \varepsilon\tau$ 中我们有：对每个正 N

$$|\tilde{u}(\eta,\tau)| \leqslant C_N/(1+\tau)^N, \quad |\eta| < \varepsilon\tau. \tag{9.12}$$

因此，对于 $|\xi| < (\frac{\xi}{2})\tau$ 我们有

$$\widetilde{Au}(\xi,\tau) = \int_{|\eta|<\varepsilon\tau} + \int_{|\eta|>\varepsilon\tau} = I_1 + I_2.$$

然而对任意 $N > 0$ 有

$$|I_1| \leqslant \frac{C_N}{(1+\tau)^N}\int_{R^n} \frac{(1+|\eta|)^m}{(1+|\xi-\eta|)^N}\mathrm{d}\eta.$$

因为对任何实 r 有

$$\left(\frac{1+|\eta|}{1+|\xi|}\right)^r \leqslant (1+|\xi-\eta|)^{|r|}, \tag{9.13}$$

所以我们得到

$$|I_1| \leqslant \frac{C_N}{(1+\tau)^N}(1+|\xi|)^{|m|}\int_{R^n} \frac{\mathrm{d}\eta}{1+|\xi-\eta|^{N-m}},$$

因此对充分大的 N 有

$$|I_1| \leqslant C_N/(1+\tau)^{N-|m|},$$

因为 $|\xi| \leqslant \frac{\varepsilon\tau}{2}$.

其次,因为 u 有紧支集,我们就可以断言,对某个 s 有

$$|\tilde{u}(\eta,\tau)| \leqslant C(1+|\eta|)^s(1+|\tau|)^s.$$

因而对每个 N 有

$$|I_2| \leqslant C_N\int_{|\eta|>\varepsilon\tau} \frac{(1+|\eta|)^{m+s}(1+\tau)^s}{(1+|\xi-\eta|)^N}\mathrm{d}\eta.$$

然而,对于 $|\xi| < \frac{\varepsilon\tau}{2}$ 和 $|\eta| > \varepsilon\tau$,我们有 $|\xi-\eta| > \frac{\varepsilon\tau}{2}$,因此 $1+|\xi-\eta| \geqslant 1+\frac{\varepsilon\tau}{2}$. 所以(用 $N+n+1+m+2s$ 代替 N),借助于(9.13) 我们看到

$$|I_2| \leqslant \frac{C_N}{(1+\tau)^N}\int_{R^n} \frac{(1+|\eta|)^{m+s}}{(1+|\xi-\eta|)^{n+1+m+s}}\mathrm{d}\eta \leqslant$$

$$\frac{C_N}{(1+\tau)^N}(1+|\xi|)^{|m+s|}\int_{R^n} \frac{\mathrm{d}\eta}{(1+|\xi-\eta|)^{n+1}}.$$

最后,因为 $|\xi| \leqslant \frac{\varepsilon\tau}{2}$,我们就得到(再一次改变 N)

$$|I_2| \leqslant \frac{C_N}{(1+\tau)^N}.$$

把这个估计和对 I_1 的估计结合起来,我们就得到所期望的结果:对每个 $N>0$ 有

$$|\widetilde{Au}(\xi,\tau)| \leqslant \frac{C_N}{(1+\tau)^N}, \quad |\xi| < \frac{\varepsilon\tau}{2}.$$

情形(ii) 假设 $\tau^0 = 0$. 这时我们可以假设 $|\xi^0| = 1$. 代替(9.12) 我们有

$$\begin{cases} |\tilde{u}(\eta,\tau)| \leqslant \dfrac{C_N}{(1+|\eta|)^N}, \\ \text{在锥:}\left|\dfrac{\eta}{|\eta|} - \xi^0\right| < \varepsilon,\ |\tau| < \varepsilon|\eta| \text{ 中.} \end{cases} \tag{9.14}$$

我们要在锥

$$\left|\frac{\xi}{|\xi|} - \xi^0\right| < \frac{\varepsilon}{2},\ |\tau| < \frac{\varepsilon}{2}|\xi| \tag{9.15}$$

中估计 $\widetilde{Au}(\xi,\tau)$,假定(9.15) 成立. 存在一个正数

$$\sigma = \sigma(\varepsilon) < \frac{1}{2},$$

它使得,若

$$|\eta-\xi| < \sigma|\xi|,$$

则点(η,τ)位于(9.14)的锥中. 作分解

$$\widetilde{Au}(\xi,\tau)=\int_{|\eta-\xi|<\sigma|\xi|}+\int_{|\eta-\xi|>\sigma|\xi|}=I_1+I_2,$$

则我们有

$$|I_1|\leqslant C_N\int_{|\eta-\xi|<\sigma|\xi|}\frac{(1+|\eta|)^m}{(1+|\xi-\eta|)^{n+1}}\frac{\mathrm{d}\eta}{(1+|\eta|)^N}.$$

在积分区域中我们有$|\eta|>(1-\sigma)|\xi|$,因而,也利用(9.13),我们得到

$$|I_1|\leqslant\frac{C_N}{(1+|\xi|)^N}\int_{R^n}\frac{\mathrm{d}\eta}{(1+|\xi-\eta|)^{n+1}}\leqslant\frac{C_N}{(1+|\xi|)^N}.$$

继续下去,得到

$$|I_2|\leqslant C_N\int_{|\eta-\xi|<\sigma|\xi|}\frac{(1+|\eta|)^{m+2s}}{(1+|\xi-\eta|)^N}\mathrm{d}\eta.$$

在积分区域中有$1+|\xi-\eta|>1+\sigma|\xi|$,因而(适当地改变$N$)

$$|I_2|\leqslant\frac{C_N}{(1+|\xi|)^N}\int_{R^n}\frac{(1+|\eta|)^{m+2s}}{(1+|\xi-\eta|)^{m+2s+n+1}}\mathrm{d}\eta\leqslant$$

$$\frac{C_N}{(1+|\xi|)^{N-|m+2s|}}\int_{R^n}\frac{d\eta}{(1+|\xi-\eta|)^{n+1}}\quad(\text{由}(9.13))\leqslant$$

$$\frac{C_N}{(1+|\xi|)^{N-|m+2s|}}.$$

把对I_1和对I_2的估计结合起来,在情形(ii)中我们得到

$$|\widetilde{Au}(\xi,\tau)|\leqslant\frac{C_N}{(1+|\xi|)^N}\leqslant\frac{C_N}{(1+|\xi|+\tau)^N}.$$

情形(iii) $\xi^0\neq0,\tau^0\neq0$. 这个情形可以用上述同样的方法处理. 不失一般性,可以假定$\tau^0>0$. 现在,(9.14)可以表示为

$$\begin{cases}|\tilde{u}(\eta,\tau)|\leqslant\dfrac{C_N}{(1+|\eta|)^N},\\ \text{在锥:}\left|\dfrac{\eta}{|\eta|}-\xi^0\right|<\varepsilon,c_1-\varepsilon<\dfrac{\tau}{|\eta|}<c_1+\varepsilon\text{中}.\end{cases}\tag{9.14$'$}$$

这里ε和c_1都是固定的正常数. 我们要在锥:

$$\left|\frac{\xi}{|\xi|}-\xi^0\right|<\frac{\varepsilon}{2},\ c_1-\frac{\varepsilon}{2}<\frac{\tau}{|\xi|}<c_1+\varepsilon\tag{9.16}$$

中估计$\widetilde{Au}$. 对于满足(9.16)的(ξ,τ),存在一个正数$\sigma<\dfrac{1}{2}$,它使得,若$|\eta-\xi|<\sigma|\xi|$,则(η,τ)位于(9.14)′的锥中. 证明仍旧如上述一样.

参 考 文 献

[1] M. S. Agranovič, *Elliptic singular integro-differential operators*, Uspehi Mat. Nauk 20(1965), no. 5(125), 3 – 120 = Russian Math. Surveys 20 (1965), no. 5, 1 – 121.
MR 33 #6176.

[2] A. P. Calderón, *Existence and uniqueness theorems for systems of partial differential equations*, Proc. Sympos. Fluid Dynamics and Appl. Math. (Univ. of Maryland, 1961). Gordon and Breach, New York, 1962, pp. 147 – 195. MR 27 #6010.

[3] ——, *Singular integrals*, Bull. Amer. Math. Soc. 72(1966), 427 – 465.
MR 35 #813.

[4] A. P. Calderón and R. Vaillancourt, *A class of bounded pseudo-differential operators*, Proc. Nat. Acad. Sci. U. S. A. 69(1972), 1185 – 1187.

[5] R. Courant and D. Hilbert, *Methods of mathematical physics*. Vol. Ⅱ: *Partial differential equations*, Interscience, New York, 1962. MR 25 #4216.

[6] J. D. Duistermaat and L. Hörmander, *Fourier integral operators*. Ⅱ, Acta Math. 128(1972), 183 – 269.

[7] Ju. V. Egorov, *The canonical transformations of pseudo-differential operators*, Uspehi Mat. Nauk 24(1969). no. 5(149), 235 – 236. (Russian) MR 42 #657.

[8] ——, *On the solvability of differential equations with simple characteristics*, Uspehi Mat. Nauk 26(1971). no. 2 (158), 183 – 198 = Russian Math. Surveys 26(1971), no. 2, 113 – 130.

[9] K. O. Friedrichs, *Pseudo-differential operators: An introduction*, Lecture Notes, Courant Institute of Mathematical Sciences, New York University, New York, 1970. MR 44 #859.

[10] P. R. Garabedian, *An unsolvable equation*, Proc. Amer. Math. Soc. 25 (1970), 207 – 208. MR 40 #6026.

[11] V. V. Grušin, *A certain example of a differential equation without solutions*, Mat. Zametki 10 (1971), 125 – 128 = Math. Notes 10(1971), 499 – 501.
MR 44 #3010.

[12] L. Hörmander, *Linear partial differential operators*, Die Grundlehren der

math. Wissenschaften, Band 116, Academic Press. New York; Springer-Verlag, Berlin, 1963. MR 28 #4221.

[13] ——, *An introduction to complex analysis in several variables*. Van Nostrand, Princeton. N. J. , 1966. MR 34 #2933.

[14] ——, *Pseudo-differential operators and non-elliptic boundary problems*, Ann. of Math. (2)83(1966). 129 - 209. MR 38 #1387.

[15] ——, *Linear differential operators*, Proc. Internat. Congress Math. (Nice, 1970), vol. 1. Gauthier-Villars, Paris, 1971, pp. 121 - 133.

[16] ——, *Fourier integral operators*. I, Acta Math. 127(1971), 79 - 183.

[17] ——, *On the existence and the regularity of solutions of linear pseudo-differential equations*, Enseignement Math. 17(1971), 99 - 163.

[18] J. J. Kohn, *Harmonic integrals on strongly pseudo-convex manifolds*, I, II, Ann. of Math. (2) 78 (1963), 112 - 148; ibid. (2) 79 (1964), 450 - 472. MR 27#2999; MR 34 #8010.

[19] ——, *Boundaries of complex manifolds*, Proc. Conf. Complex Analysis (Minneapolis, 1964), Springer, Berlin, 1965, pp. 81 - 94. MR 30 # 5334.

[20] J. J. Kohn and L. Nirenberg, *An algebra of pseudo-differential operators*, Comm. Pure Appl. Math. 18 (1965), 269 - 305. MR 31#636.

[21] H. Lewy, *On the local character of the solutions of an atypical linear differential equation in three variables and a related theorem for regular functions of two complex variables*, Ann. of Math. (2) 64 (1956), 514 - 522. MR 18, 473.

[22] ——, *An example of a smooth linear partial differential equation without solution*, Ann. of Math. (2) 66 (1957), 155 - 158. MR 19, 551.

[23] B. Malgrange, Séminaire Schwartz 1959/60. *Unicité du probléme de Cauchy*, Faculté des Sciences, Paris. 1960, Lectures 8 - 10. MR 28 #A2275.

[24] ——, *Sur l'intégrabilité des structures presque-complexes*, Symposia Math. , Vol. II (INDAM, Rome, 1968), Academic Press, London, 1969, pp. 289 - 296. MR 40#6598.

[25] A. Newlander and L. Nirenberg, *Complex coordinates in almost complex manifolds*, Ann. of Math. (2) 65 (1957), 391 - 404. MR 19, 577.

[26] A. Nijenhuis and W. B. Woolf, *Some integration problems in almost - complex manifolds*, Ann. of Math. (2) 77(1963), 424 - 489. MR 26 #6992.

[27] L. Nirenberg, *Pseudo-differential operators*, Proc. Sympos. Pure Math. , vol.

16, Amer. Math. Soc., Providence, R. I., 1970, pp. 149 - 167. MR 42 #5108.

[28] L. Nirenberg and F. Tréves, *On local solvability of linear partial differential equations. I. Necessary conditions; II: Sufficient conditions*, Comm. Pure Appl. Math. 23(1970), 1 - 38; 459 - 510: Correction, ibid. 24(1971), 279 - 288. MR 41 #9064a,b.

[29] J. Peetre, *Réctifications à l'article "Une caractérisation abstraite des opérateurs différentiels"*. Math. Scand. 8(1960), 116 - 120. MR 23 #A1923.

[30] A. Ja. Povzner and I. V. Suharevskiĭ, *Discontinuities of the Green's function of a mixed problem for the wave equation*. Mat. Sb. 51 (93) (1960), 3 - 26; English transl., Amer. Math. Soc. Transl. (2) 47 (1965), 131 - 156. MR 22 #4871.

[31] K. T. Smith, *Some remarks on a paper of Calderón on existence and uniqueness theorems for systems of partial differential equations*, Comm. Pure Appl. Math. 18 (1965), 415 - 441. MR 32 #2716.

[32] J. F. Tréves, *Linear partial differential equations with constant coefficients*. Existence, approximation and regularity of solutions, Math. and its Applications, vol. 6, Gordon and Breach, New York, 1966. MR 37#557.

[33] ——, *A link between solvability of pseudo-differential equations and uniqueness in the Cauchy problem*, Amer. J. Math. 94(1972), 267 - 288.

[34] ——, *On the existence and regularity of solutions of linear partial differential equations*. Proc. Sympos. Pure Math., vol. 23, Amer. Math. Soc., Providence, R. I. (to appear).

[35] ——, *Singular integrals*, Proc. Sympos. Pure Math., vol. 10, Amer. Math. Soc., Providence, R. I., 1967. MR 37 #6144.

[36] ——, *Pseudo-Differential operators* (C. I. M. E., Stresa, 1968), Edizioni Cremonese, Rome, 1969.

◎编辑手记

《深圳商报》曾举办过一次"2009 年度十大好书"评选活动,令人意外的是以难以卒读著称的奇书《万有引力之虹》([美]托马斯·品钦著,张文宇译,译林出版社,2009)赫然列为第 2 名(2009 年度新浪网好书榜为第 6 名),这是一部比《尤利西斯》更难读的书,此书因其大胆离奇的情节,天马行空的想象力,出版之后引发广泛关注和争议,誉之者谓之当代文学的顶峰,"20 世纪最伟大的文学作品",毁之者谓之预告世界末日的呓语,按江晓原的说法阅读此书被称为"阅读自虐",一是因为这部书作为现代文学中经典之作的巨著,情节复杂,扑朔迷离,二是书中引入了过多的自然科学内容,包括现代物理、高等数学(甚至在第 259 页还出现了偏微分方程),火箭工程,以及热力学第二定律所引发的哲学猜想"热寂说"(随着"熵"的单向增加将在全宇宙达到完全的均衡. 宇宙即成死寂世界). 虽然有读者评论作者托马斯·品钦有自炫博学之嫌. 但毕竟此书进了畅销书之列,结果更重要,手段可以无所不用其极.

本书是一部偏微分方程的世界名著,虽然没有大厚本精装那样唬人的外表,但其内容极其重要. 本书译者陆柱家先生是我国著名微分方程专家,曾任中国科学院数学研究所科研处处长. 现任《数学译林》常务副主编. 在本书之前曾与我们工作室有过一次合作,与许以超先生合作出版了《历届全国大学生数学夏令营试题及解答》.直到现在还有很多大学数学系师生来电索要这本书.陆先生能自己写书自己用数学专用软件排版可谓一专多能,这样的作者是很受欢迎的.而本书的原作者则更是大名鼎鼎了,我们来看一看他的简介:

尼伦伯格(Nirenberg, Louis,1925 -)　美国数学家.1925 年2 月28 日生于加拿大安大略省的哈密尔顿.1945 年获麦吉尔大学学士学位;1947 和 1949 年获纽约大学硕士和博士学位.1945 ~1951 年留校做研究工作.先后担任助理研究员和副研究员.1951 ~1957 年执教于该校.先为助理教授,后为副教授,1957 年以后任教授.1976 ~1977 年任美国数学会副主席.美国全国科学院、美国艺术与科学学院院士,法国科学院、乌克兰科学院等科学院的外籍院士.1987 年被中国南开大学授予荣誉教授,1988 年被浙江大学授予荣誉教授.

尼伦伯格的贡献主要在线性和非线性偏微分方程及其在复分析和微分几何方面的应用等领域.

尼伦伯格的第一个主要工作是在整体微分几何领域,解决了长期没有解决的 $\mathbf{R}^3$ 中正曲率曲面等距嵌入的外尔问题.他是分析各领域中取得并应用先验估计的高手.这类例子有非常有用的一组加利亚尔多 - 尼伦伯格不等式;1959 年他和阿格蒙(Shmuel Agmon)、道格立斯(Avron Douglis)对线性椭圆算子的一般边值问题的先验估计,是一个在分析中广为引用的结果;另一个是他和 F·约翰合作,1961 年在研究椭圆型方程的解时引入的有界平均振动空间,简称 BMO 空间,它是后来 C·费弗曼关于这类函数空间工作的关键.

尼伦伯格曾在多方面得到了重要的发展,如他和其学生纽兰德关于殆复结构的定理已成为经典.在考尔德伦和赞格蒙给出的估计的基础上,1965 年他和 J·科恩引入了伪微分算子的概念,并首先对其做了系统研究,促使后来产生了大量的研究工作.他和特里夫斯(François Treves)的研究工作是对一般线性偏微分方程可解性的重要贡献.他还分别与多人合作对自由边界问题的正则性、蒙日 - 安培型方程光滑解的存在性、纳维 - 斯托克斯方程奇点集、用移动平面法对非线性椭圆方程对称解等做了研究.

尼伦伯格的特点是喜欢与人合作进行研究工作,他自称 90% 的论文是与人合作写成的.到目前为止,他已指导过 40 多名博士生.

尼伦伯格曾获麦吉尔大学(1986)、比萨大学(1990)和巴黎第九大学(1990)等大学名誉博士.1959 年获美国数学会博谢纪念奖,1982 年获瑞典皇家科学院的克罗福持奖.1994 年获美国数学会斯蒂尔奖.

巧的是在本书编辑加工过程中我们看到了尼伦伯格获得陈省身奖章的公告.原文如下:

The Chern Medal Award(陈省身奖章)

获奖人 Louis Nirenberg(尼伦伯格)

颁奖词 "由于他在非线性椭圆型偏微分方程现代理论的确切阐述中的作用,以及在这个领域中培育了众多学生和博士后."

工作简介 尼伦伯格是20世纪杰出的分析学家和几何学家之一,他的工作对于多个数学领域及其应用的发展有着重要的影响.对于线性和非线性偏微分方程的理解,复分析和几何的相关方面,以及现代科学的基本数学工具,他都有着本质性的贡献.他在分析学和微分几何之间发展了复杂精细的联系,并把它们应用于流体理论和其他一些物理现象.

在过去的65年里,尼伦伯格的名字与分析学的一些主要的发展联系在一起.他与August Newlander合作的关于几乎复结构的存在性的定理已成为经典.在分析学中最广泛引用的结果之一是一般线性椭圆型方程组的一些先验估计,这是尼伦伯格与Shmuel Agmon和Avron Douglis合作得到的.他与Fritz John(弗里茨·约翰)合作的关于有界平均振动(BMO)函数的基本工作,对于此后Charles Fefferman关于BMO函数空间的工作是至关重要的.与Joseph Kohn合作,他引进了伪微分算子的概念,它对许多数学领域都有影响.尼伦伯格与他人合作而得到的其他一些影响深远的工作,包括偏微分方程的可解性,一类偏微分方程和Navier-Stokes(纳维-斯托克斯)型流体运动方程光滑解的存在性.他发表了超过185篇论文,并有46个学生.

为了使读者更好地理解尼伦伯格的工作.我们摘编两位中国著名数学家对微局部分析的简介,一位是齐民友,一位是陈恕行:

与物理学中有宏观物理学与微观物理学相仿,在数学理论的分析学中也有大范围分析与微局部分析等分支.

函数是分析学中所研究的一类基本对象,在函数的各种性质(例如相等、可微性、有界性、渐近性等)中,有些性质是局部性质,例如我们可以说一个函数在某点可以求导;有些性质是整体性质,例如我们可以说一个函数在某区域中有界.而函数的某些整体性质常常可以从其每个局部中的局部性质推出,例如,若两个函数在某区域中点点相等,则这两个函数在该区域中相等.近代数学理论中,函数概念已发展成广义函数(分布)或更一般的概念.这时,局部性质就是指在一点的充分小的邻域中的性质,这种局部性质也常常可推出相应的整体性质.以下为了叙述的方便,我们所提及的函数一般就是指广义函数,而说到函数在某点的性质就是指它在该点充分小的邻域中的性质.

可微性也是一种局部性质,为考虑函数在某定义域中的可微性,可以分别考察它在各点的可微性．如果一函数 u 在某点为无穷次可微的，我们称它为在该点是 C^∞ 光滑的，或简称为在该点光滑，否则，则称它在该点非光滑．所有非光滑点全体称为函数的奇支集，记为 sing supp u. 进一步的考察可知，在一点附近同为非光滑的函数，其性质可以相差很大. 这种现象促使我们对函数的局部性质作更细致的考察.

用微局部分析的方法来研究偏微分方程导致了线性偏微分方程的巨大进步．人们借此对于偏微分方程理论的许多基本问题重新加以认识与处理，有些问题研究历史久远，而从此得到了迅猛的发展，也有些问题是近期才提出的，它们使偏微分方程理论研究达到了一个更深的层次．我们几乎可以说，20 世纪 60 年代后线性偏微分方程理论的每一个重要进展无一不是与微局部分析紧密相连的，以下举几个例子说明之.

偏微分方程 Cauchy 问题唯一性的研究由来很久，早在 20 世纪初 Holmgren 证明了具有解析系数 Cauchy 问题在非解析函数类中解的唯一性．但当方程系数仅为 C^∞ 函数时，Cauchy 问题不一定有唯一性．到 30 年代末，对于含两个自变数方程的 Cauchy 问题唯一性才有了较普遍的结果，而对含多个变数的方程，直到 20 世纪 50 年代末以前仍只有零星的结果．1958 年，Calderon 利用拟微分算子为工具证明了不具重特征的偏微分方程 Cauchy 问题解的唯一性，他只要求方程具 C^∞ 系数与不具有重特征，并不需要对方程的类型提出什么要求.

Calderon 证明 Cauchy 问题唯一性的要点如下：他首先引入以 $|\xi|$ 为象征的拟微分算子（也称为奇异积分算子）将高阶方程组化成一阶方程组，这种化方程组的方法不会增加特征，因而所得到的方程组也不具有重特征，这个一阶方程组的象征是一个不具重特征值的矩阵，所以能够通过相似变换化成对角阵．然后问题大体上就相当于单个一阶方程的问题，从而较容易建立适当的估计式，而导致齐次 Cauchy 问题的解为零．这里需强调的是，我们将一阶方程组的象征矩阵化成对角阵的过程就相当于在拟微分算子范畴中对方程组进行变换，而且由于方程组的象征阵化成对角阵是在 $\mathbf{R}_x^n \times \mathbf{R}_\xi^n$ 的每点的邻域中进行的，因此每次所得到的估计都是微局部的. 仅在将这些微局部的估计综合以后才得到一个整体的估计式.

大家知道，常微分方程总是有很多解的. 由于偏微分方程可以看作常微分方程的推广，人们长期认为一个偏微分方程也总是有很多解的，并需要以适当的定解条件来确定其解. 然而 1957 年 H. Lewy 给出了一个反例

$$\frac{\partial u}{\partial x} + \mathrm{i}\frac{\partial u}{\partial y} - 2\mathrm{i}(x + \mathrm{i}y)\frac{\partial u}{\partial t} = f.$$

对这样的方程若仅要求 f 是原点邻域中的 C^∞ 函数，对于很多 f，方程根本就没有解. 这一新现象的发现，促使人们去研究这样一个问题，究竟什么样的方程才

是对任意右端有解的. 更准确地说,若 L 为在 Ω 中定义的偏微分算子,$x_0\in\Omega$,如果有 x_0 的邻域 ω,使对任一 $f\in C_0^\infty(\omega)$ 都有 $u\in\mathscr{D}'(\Omega)$,使 $Lu=f$ 在 ω 中成立,则称算子 L 在 x_0 点为局部可解的. 自 1957 年以后的一段相当长的时期中,局部可解性问题成了当时线性偏微分方程理论研究的一个热点.

1960 年 Hörmander 证明了实系数主型算子总是局部可解的,这里的主型算子也就是指没有重特征的算子. 1963 年 Nirenberg 与 Treves 对于具复系数的一阶主型算子局部可解的必要条件与充分条件得到了较完整的结果. 但是对于高阶主型算子的局部可解性直到 1970 年才有较完整的结果,其原因也是在此以前缺乏合适的分析工具. 1970 年 Nirenberg 与 Treves 的做法是先在高阶算子的特征点邻域中将它分解成一个椭圆算子与一个一阶算子的乘积,后者在该邻域中与原高阶算子具有相同的特征点,然后集中研究该一阶算子的局部可解性. 由于这种算子分解只能在拟微分算子的范畴中进行,因而也只有在拟微分算子的系统理论发展与成熟以后,局部可解性问题的研究才有了重大的突破. 然而,应该指出,这个问题至今仍未彻底解决.

偏微分方程解的正则性是偏微分方程理论研究的基本课题之一,正则性与奇性实际上是同一对象的两个侧面,因此人们一般更注重于偏微分方程解的奇性生成、分布、强度或奇性结构. 关于偏微分方程解的奇性分布的一个经典的结论是:解的弱间断只能在特征曲面上出现,较精细的结论是,解的弱间断是沿方程的次特征线传播的,对于线性主型偏微分方程,则有更精确的奇性传播定理,它是 Hörmander 等人在 20 世纪 60 年代末建立的.

设 P 为具 C^∞ 系数的主型算子,它的主象征为 $p(x,\xi)$,称 Hamilton 方程组

$$\frac{\mathrm{d}x}{\mathrm{d}s}=\frac{\partial p}{\partial\xi},$$

$$\frac{\mathrm{d}\xi}{\mathrm{d}s}=-\frac{\partial p}{\partial x}$$

满足 $p(x(s),\xi(s))=0$ 的解 $x(s),\xi(s)$ 为算子 P 的零次特征带,则有

定理 若 $u\in\mathscr{D}'(\Omega)$ 为方程 $Pu=f$ 的解,其中 $P=p(x,D)$ 如上述,$p(x_o,\xi_o)=0$,$(x_o,\xi_o)\in WFu$,γ 为过 (x_o,ξ_o) 的零次特征带,则若 $\gamma\not\subset WFf$,必有 $\gamma\not\subset WFu$.

上述定理也可表述为,在微局部的意义下,当 f 为光滑时,只要 u 在某点有奇性,这个奇性就沿着次特征带传播,显然,这一结论比经典的在底空间中的奇性传播结论更精细,而通过往底空间的投影,很容易导出经典的奇性传播定理.

奇性传播的研究完全是属于微局部分析范畴的课题,它引导人们对偏微分方程解的性质作更深入的了解.

关于微局部分析对偏微分方程研究的影响还可举出很多例子,例如

Cauchy 问题适定性的研究，非椭圆方程解的次椭圆估计，重特征算子的分类与化简，等等. 此外，它在散射理论、量子力学的准经典近似等方面的应用也是令人瞩目的.

微局部分析在线性偏微分方程理论研究中所取得的出色成就必然吸引人们将微局部分析方法应用于其他各种问题，特别是非线性偏微分方程的研究. 近十年来在这一方面人们也取得了很大的成功，从而形成了非线性微局部分析的分支. 其中最重要的成果有非线性方程解的奇性传播以及高维守恒律双曲型方程组广义解的存在性等.

由于非线性效应，方程的解的奇性会产生相互干扰，因而一般来说，它的解的奇性分布比相应的线性方程解的奇性分布要复杂得多. 目前，人们通过多年的研究对非线性方程解的奇性传播、反射、干扰等规律已有了较清楚的认识. 特别是法国 J. M. Bony 在研究这类问题中又发展了仿微分算子的理论与二次微局部分析的理论，从而为微局部分析的应用开辟了更广阔的前景.

在高维守恒律双曲型方程组的研究中，带有各种类型间断的解的存在性等问题长期以来是人们十分向往而又束手无策的问题. 因此，尽管一维守恒律双曲型方程组的研究已有长久的历史与很好的精细结果，但一到高维的情形，很多结论是否成立即成为未知. 现在鉴于微局部分析理论的发展，人们能够先对相应的线性化问题作出比以往更精细的估计，从而导得非线性问题的所需结果. 例如，在 20 世纪 80 年代，A. Majda 与 S. Alinhac 先后获得了高维守恒律双曲型方程组带有激波与带有中心波的解的存在性，相应的还有一批结果涌现，从而使人们在这个领域中的研究获得了重大的突破. 当然，在高维情况下，非线性守恒律双曲组广义解研究的内容十分丰富，还有许多复杂而深刻的问题未解决.

近年来，J. Y. Chemin 利用微局部分析对不可压缩流体的数学理论进行研究，也取得了重要的进展.

目前，作为一个新兴的学科分支，微局部分析还在迅速地发展，它的应用也正在渗透到更多的方面. 它无疑是当代数学发展的一个主攻方向，更丰硕的成果尚有待我们努力去摘取.

尼伦伯格是一位长寿的成功数学家. 今年已经 86 岁 . 长寿的经济学大师约翰 · 肯尼斯 · 加尔布雷斯(活了 98 岁)在《富裕社会》中指出："经济学认为不幸和失败再正常不过，成功才需要解释，至少是幸运的少数之外需要进行解释. "笔者认为本书已经对尼伦伯格的成功进行了解释，看完本书后似乎就不必再解释什么了！

刘培杰

2011 年 3 月 31 日于哈工大

哈尔滨工业大学出版社刘培杰数学工作室 已出版(即将出版)图书目录

书　　名	出版时间	定　价	编号
新编中学数学解题方法全书(高中版)上卷	2007－09	38.00	7
新编中学数学解题方法全书(高中版)中卷	2007－09	48.00	8
新编中学数学解题方法全书(高中版)下卷(一)	2007－09	42.00	17
新编中学数学解题方法全书(高中版)下卷(二)	2007－09	38.00	18
新编中学数学解题方法全书(高中版)下卷(三)	2010－06	58.00	73
新编中学数学解题方法全书(初中版)上卷	2008－01	28.00	29
新编中学数学解题方法全书(初中版)中卷	2010－07	38.00	75
新编中学数学解题方法全书(高考复习卷)	2010－01	48.00	67
新编中学数学解题方法全书(高考真题卷)	2010－01	38.00	62
新编中学数学解题方法全书(高考精华卷)	2011－03	68.00	118
新编平面解析几何解题方法全书(专题讲座卷)	2010－01	18.00	61
新编中学数学解题方法全书(自主招生卷)	2013－08	88.00	261
数学眼光透视	2008－01	38.00	24
数学思想领悟	2008－01	38.00	25
数学应用展观	2008－01	38.00	26
数学建模导引	2008－01	28.00	23
数学方法溯源	2008－01	38.00	27
数学史话览胜	2008－01	28.00	28
数学思维技术	2013－09	38.00	260
从毕达哥拉斯到怀尔斯	2007－10	48.00	9
从迪利克雷到维斯卡尔迪	2008－01	48.00	21
从哥德巴赫到陈景润	2008－05	98.00	35
从庞加莱到佩雷尔曼	2011－08	138.00	136
数学解题中的物理方法	2011－06	28.00	114
数学解题的特殊方法	2011－06	48.00	115
中学数学计算技巧	2012－01	48.00	116
中学数学证明方法	2012－01	58.00	117
数学趣题巧解	2012－03	28.00	128
三角形中的角格点问题	2013－01	88.00	207
含参数的方程和不等式	2012－09	28.00	213

哈尔滨工业大学出版社刘培杰数学工作室已出版(即将出版)图书目录

书　　名	出版时间	定　价	编号
数学奥林匹克与数学文化(第一辑)	2006—05	48.00	4
数学奥林匹克与数学文化(第二辑)(竞赛卷)	2008—01	48.00	19
数学奥林匹克与数学文化(第二辑)(文化卷)	2008—07	58.00	36
数学奥林匹克与数学文化(第三辑)(竞赛卷)	2010—01	48.00	59
数学奥林匹克与数学文化(第四辑)(竞赛卷)	2011—08	58.00	87

发展空间想象力	2010—01	38.00	57
走向国际数学奥林匹克的平面几何试题诠释(上、下)(第1版)	2007—01	68.00	11,12
走向国际数学奥林匹克的平面几何试题诠释(上、下)(第2版)	2010—02	98.00	63,64
平面几何证明方法全书	2007—08	35.00	1
平面几何证明方法全书习题解答(第1版)	2005—10	18.00	2
平面几何证明方法全书习题解答(第2版)	2006—12	18.00	10
平面几何天天练上卷·基础篇(直线型)	2013—01	58.00	208
平面几何天天练中卷·基础篇(涉及圆)	2013—01	28.00	234
平面几何天天练下卷·提高篇	2013—01	58.00	237
平面几何专题研究	2013—07	98.00	258
最新世界各国数学奥林匹克中的平面几何试题	2007—09	38.00	14
数学竞赛平面几何典型题及新颖解	2010—07	48.00	74
初等数学复习及研究(平面几何)	2008—09	58.00	38
初等数学复习及研究(立体几何)	2010—06	38.00	71
初等数学复习及研究(平面几何)习题解答	2009—01	48.00	42
世界著名平面几何经典著作钩沉——几何作图专题卷(上)	2009—06	48.00	49
世界著名平面几何经典著作钩沉——几何作图专题卷(下)	2011—01	88.00	80
世界著名平面几何经典著作钩沉(民国平面几何老课本)	2011—03	38.00	113
世界著名解析几何经典著作钩沉——平面解析几何卷	2014—01	38.00	273
世界著名数论经典著作钩沉(算术卷)	2012—01	28.00	125
世界著名数学经典著作钩沉——立体几何卷	2011—02	28.00	88
世界著名三角学经典著作钩沉(平面三角卷Ⅰ)	2010—06	28.00	69
世界著名三角学经典著作钩沉(平面三角卷Ⅱ)	2011—01	38.00	78
世界著名初等数论经典著作钩沉(理论和实用算术卷)	2011—07	38.00	126
几何学教程(平面几何卷)	2011—03	68.00	90
几何学教程(立体几何卷)	2011—07	68.00	130
几何变换与几何证题	2010—06	88.00	70
计算方法与几何证题	2011—06	28.00	129
立体几何技巧与方法	2014—04	88.00	293
几何瑰宝——平面几何500名题暨1000条定理(上、下)	2010—07	138.00	76,77
三角形的解法与应用	2012—07	18.00	183
近代的三角形几何学	2012—07	48.00	184
一般折线几何学	即将出版	58.00	203
三角形的五心	2009—06	28.00	51
三角形趣谈	2012—08	28.00	212
解三角形	2014—01	28.00	265
圆锥曲线习题集(上)	2013—06	68.00	255

哈尔滨工业大学出版社刘培杰数学工作室已出版(即将出版)图书目录

书　　名	出版时间	定　价	编号
俄罗斯平面几何问题集	2009－08	88.00	55
俄罗斯立体几何问题集	2014－03	58.00	283
俄罗斯几何大师——沙雷金论数学及其他	2014－01	48.00	271
来自俄罗斯的5000道几何习题及解答	2011－03	58.00	89
俄罗斯初等数学问题集	2012－05	38.00	177
俄罗斯函数问题集	2011－03	38.00	103
俄罗斯组合分析问题集	2011－01	48.00	79
俄罗斯初等数学万题选——三角卷	2012－11	38.00	222
俄罗斯初等数学万题选——代数卷	2013－08	68.00	225
俄罗斯初等数学万题选——几何卷	2014－01	68.00	226
463个俄罗斯几何老问题	2012－01	28.00	152
近代欧氏几何学	2012－03	48.00	162
罗巴切夫斯基几何学及几何基础概要	2012－07	28.00	188

书　　名	出版时间	定　价	编号
超越吉米多维奇——数列的极限	2009－11	48.00	58
Barban Davenport Halberstam 均值和	2009－01	40.00	33
初等数论难题集(第一卷)	2009－05	68.00	44
初等数论难题集(第二卷)(上、下)	2011－02	128.00	82,83
谈谈素数	2011－03	18.00	91
平方和	2011－03	18.00	92
数论概貌	2011－03	18.00	93
代数数论(第二版)	2013－08	58.00	94
代数多项式	2014－05	38.00	289
初等数论的知识与问题	2011－02	28.00	95
超越数论基础	2011－03	28.00	96
数论初等教程	2011－03	28.00	97
数论基础	2011－03	18.00	98
数论基础与维诺格拉多夫	2014－03	18.00	292
解析数论基础	2012－08	28.00	216
解析数论基础(第二版)	2014－01	48.00	287
数论入门	2011－03	38.00	99
数论开篇	2012－07	28.00	194
解析数论引论	2011－03	48.00	100
复变函数引论	2013－10	68.00	269
无穷分析引论(上)	2013－04	88.00	247
无穷分析引论(下)	2013－04	98.00	245

哈尔滨工业大学出版社刘培杰数学工作室已出版(即将出版)图书目录

书　名	出版时间	定　价	编号
数学分析	2014－04	28.00	338
数学分析中的一个新方法及其应用	2013－01	38.00	231
数学分析例选:通过范例学技巧	2013－01	88.00	243
三角级数论(上册)(陈建功)	2013－01	38.00	232
三角级数论(下册)(陈建功)	2013－01	48.00	233
三角级数论(哈代)	2013－06	48.00	254
基础数论	2011－03	28.00	101
超越数	2011－03	18.00	109
三角和方法	2011－03	18.00	112
谈谈不定方程	2011－05	28.00	119
整数论	2011－05	38.00	120
随机过程(Ⅰ)	2014－01	78.00	224
随机过程(Ⅱ)	2014－01	68.00	235
整数的性质	2012－11	38.00	192
初等数论 100 例	2011－05	18.00	122
初等数论经典例题	2012－07	18.00	204
最新世界各国数学奥林匹克中的初等数论试题(上、下)	2012－01	138.00	144,145
算术探索	2011－12	158.00	148
初等数论(Ⅰ)	2012－01	18.00	156
初等数论(Ⅱ)	2012－01	18.00	157
初等数论(Ⅲ)	2012－01	28.00	158
组合数学	2012－04	28.00	178
组合数学浅谈	2012－03	28.00	159
同余理论	2012－05	38.00	163
丢番图方程引论	2012－03	48.00	172
平面几何与数论中未解决的新老问题	2013－01	68.00	229

书　名	出版时间	定　价	编号
历届美国中学生数学竞赛试题及解答(第一卷)1950－1954	2014－06	18.00	277
历届美国中学生数学竞赛试题及解答(第二卷)1955－1959	2014－04	18.00	278
历届美国中学生数学竞赛试题及解答(第三卷)1960－1964	2014－06	18.00	279
历届美国中学生数学竞赛试题及解答(第四卷)1965－1969	2014－04	28.00	280
历届美国中学生数学竞赛试题及解答(第五卷)1970－1972	2014－06	18.00	281

哈尔滨工业大学出版社刘培杰数学工作室已出版(即将出版)图书目录

书　　名	出版时间	定　价	编号
历届 IMO 试题集(1959—2005)	2006—05	58.00	5
历届 CMO 试题集	2008—09	28.00	40
历届加拿大数学奥林匹克试题集	2012—08	38.00	215
历届美国数学奥林匹克试题集:多解推广加强	2012—08	38.00	209
历届国际大学生数学竞赛试题集(1994—2010)	2012—01	28.00	143
全国大学生数学夏令营数学竞赛试题及解答	2007—03	28.00	15
全国大学生数学竞赛辅导教程	2012—07	28.00	189
全国大学生数学竞赛复习全书	2014—04	48.00	340
历届美国大学生数学竞赛试题集	2009—03	88.00	43
前苏联大学生数学奥林匹克竞赛题解(上编)	2012—04	28.00	169
前苏联大学生数学奥林匹克竞赛题解(下编)	2012—04	38.00	170
历届美国数学邀请赛试题集	2014—01	48.00	270

书　　名	出版时间	定　价	编号
整函数	2012—08	18.00	161
多项式和无理数	2008—01	68.00	22
模糊数据统计学	2008—03	48.00	31
模糊分析学与特殊泛函空间	2013—01	68.00	241
受控理论与解析不等式	2012—05	78.00	165
解析不等式新论	2009—06	68.00	48
反问题的计算方法及应用	2011—11	28.00	147
建立不等式的方法	2011—03	98.00	104
数学奥林匹克不等式研究	2009—08	68.00	56
不等式研究(第二辑)	2012—02	68.00	153
初等数学研究(Ⅰ)	2008—09	68.00	37
初等数学研究(Ⅱ)(上、下)	2009—05	118.00	46,47
中国初等数学研究　2009 卷(第 1 辑)	2009—05	20.00	45
中国初等数学研究　2010 卷(第 2 辑)	2010—05	30.00	68
中国初等数学研究　2011 卷(第 3 辑)	2011—07	60.00	127
中国初等数学研究　2012 卷(第 4 辑)	2012—07	48.00	190
中国初等数学研究　2014 卷(第 5 辑)	2014—02	48.00	288
数阵及其应用	2012—02	28.00	164
绝对值方程—折边与组合图形的解析研究	2012—07	48.00	186
不等式的秘密(第一卷)	2012—02	28.00	154
不等式的秘密(第一卷)(第 2 版)	2014—02	38.00	286
不等式的秘密(第二卷)	2014—01	38.00	268

哈尔滨工业大学出版社刘培杰数学工作室已出版(即将出版)图书目录

书　名	出版时间	定　价	编号
初等不等式的证明方法	2010－06	38.00	123
数学奥林匹克问题集	2014－01	38.00	267
数学奥林匹克不等式散论	2010－06	38.00	124
数学奥林匹克不等式欣赏	2011－09	38.00	138
数学奥林匹克超级题库(初中卷上)	2010－01	58.00	66
数学奥林匹克不等式证明方法和技巧(上、下)	2011－08	158.00	134,135
近代拓扑学研究	2013－04	38.00	239
新编 640 个世界著名数学智力趣题	2014－01	88.00	242
500 个最新世界著名数学智力趣题	2008－06	48.00	3
400 个最新世界著名数学最值问题	2008－09	48.00	36
500 个世界著名数学征解问题	2009－06	48.00	52
400 个中国最佳初等数学征解老问题	2010－01	48.00	60
500 个俄罗斯数学经典老题	2011－01	28.00	81
1000 个国外中学物理好题	2012－04	48.00	174
300 个日本高考数学题	2012－05	38.00	142
500 个前苏联早期高考数学试题及解答	2012－05	28.00	185
546 个早期俄罗斯大学生数学竞赛题	2014－03	38.00	285

书　名	出版时间	定　价	编号
博弈论精粹	2008－03	58.00	30
数学 我爱你	2008－01	28.00	20
精神的圣徒　别样的人生——60 位中国数学家成长的历程	2008－09	48.00	39
数学史概论	2009－06	78.00	50
数学史概论(精装)	2013－03	158.00	272
斐波那契数列	2010－02	28.00	65
数学拼盘和斐波那契魔方	2010－07	38.00	72
斐波那契数列欣赏	2011－01	28.00	160
数学的创造	2011－02	48.00	85
数学中的美	2011－02	38.00	84

书　名	出版时间	定　价	编号
王连笑教你怎样学数学——高考选择题解题策略与客观题实用训练	2014－01	48.00	262
最新全国及各省市高考数学试卷解法研究及点拨评析	2009－02	38.00	41
高考数学的理论与实践	2009－08	38.00	53
中考数学专题总复习	2007－04	28.00	6
向量法巧解数学高考题	2009－08	28.00	54
高考数学核心题型解题方法与技巧	2010－01	28.00	86
高考思维新平台	2014－03	38.00	259
数学解题——靠数学思想给力(上)	2011－07	38.00	131
数学解题——靠数学思想给力(中)	2011－07	48.00	132
数学解题——靠数学思想给力(下)	2011－07	38.00	133
我怎样解题	2013－01	48.00	227

哈尔滨工业大学出版社刘培杰数学工作室已出版(即将出版)图书目录

书 名	出版时间	定 价	编号
2011年全国及各省市高考数学试题审题要津与解法研究	2011－10	48.00	139
2013年全国及各省市高考数学试题解析与点评	2014－01	48.00	282
新课标高考数学——五年试题分章详解(2007～2011)(上、下)	2011－10	78.00	140,141
30分钟拿下高考数学选择题、填空题	2012－01	48.00	146
全国中考数学压轴题审题要津与解法研究	2013－04	78.00	248
新编全国及各省市中考数学压轴题审题要津与解法研究	2014－05	58.00	342
高考数学压轴题解题诀窍(上)	2012－02	78.00	166
高考数学压轴题解题诀窍(下)	2012－03	28.00	167

书 名	出版时间	定 价	编号
格点和面积	2012－07	18.00	191
射影几何趣谈	2012－04	28.00	175
斯潘纳尔引理——从一道加拿大数学奥林匹克试题谈起	2014－01	18.00	228
李普希兹条件——从几道近年高考数学试题谈起	2012－10	18.00	221
拉格朗日中值定理——从一道北京高考试题的解法谈起	2012－10	18.00	197
闵科夫斯基定理——从一道清华大学自主招生试题谈起	2014－01	28.00	198
哈尔测度——从一道冬令营试题的背景谈起	2012－08	28.00	202
切比雪夫逼近问题——从一道中国台北数学奥林匹克试题谈起	2013－04	38.00	238
伯恩斯坦多项式与贝齐尔曲面——从一道全国高中数学联赛试题谈起	2013－03	38.00	236
卡塔兰猜想——从一道普特南竞赛试题谈起	2013－06	18.00	256
麦卡锡函数和阿克曼函数——从一道前南斯拉夫数学奥林匹克试题谈起	2012－08	18.00	201
贝蒂定理与拉姆贝克莫斯尔定理——从一个拣石子游戏谈起	2012－08	18.00	217
皮亚诺曲线和豪斯道夫分球定理——从无限集谈起	2012－08	18.00	211
平面凸图形与凸多面体	2012－10	28.00	218
斯坦因豪斯问题——从一道二十五省市自治区中学数学竞赛试题谈起	2012－07	18.00	196
纽结理论中的亚历山大多项式与琼斯多项式——从一道北京市高一数学竞赛试题谈起	2012－07	28.00	195
原则与策略——从波利亚"解题表"谈起	2013－04	38.00	244
转化与化归——从三大尺规作图不能问题谈起	2012－08	28.00	214
代数几何中的贝祖定理(第一版)——从一道IMO试题的解法谈起	2013－08	38.00	193
成功连贯理论与约当块理论——从一道比利时数学竞赛试题谈起	2012－04	18.00	180
磨光变换与范·德·瓦尔登猜想——从一道环球城市竞赛试题谈起	即将出版		
素数判定与大数分解	即将出版	18.00	199
置换多项式及其应用	2012－10	18.00	220
椭圆函数与模函数——从一道美国加州大学洛杉矶分校(UCLA)博士资格考题谈起	2012－10	38.00	219
差分方程的拉格朗日方法——从一道2011年全国高考理科试题的解法谈起	2012－08	28.00	200

哈尔滨工业大学出版社刘培杰数学工作室已出版(即将出版)图书目录

书　　名	出版时间	定　价	编号
力学在几何中的一些应用	2013－01	38.00	240
高斯散度定理、斯托克斯定理和平面格林定理——从一道国际大学生数学竞赛试题谈起	即将出版		
康托洛维奇不等式——从一道全国高中联赛试题谈起	2013－03	28.00	337
西格尔引理——从一道第18届IMO试题的解法谈起	即将出版		
罗斯定理——从一道前苏联数学竞赛试题谈起	即将出版		
拉克斯定理和阿廷定理——从一道IMO试题的解法谈起	2014－01	58.00	246
毕卡大定理——从一道美国大学数学竞赛试题谈起	即将出版		
贝齐尔曲线——从一道全国高中联赛试题谈起	即将出版		
拉格朗日乘子定理——从一道2005年全国高中联赛试题谈起	即将出版		
雅可比定理——从一道日本数学奥林匹克试题谈起	2013－04	48.00	249
李天岩一约克定理——从一道波兰数学竞赛试题谈起	即将出版		
整系数多项式因式分解的一般方法——从克朗耐克算法谈起	即将出版		
布劳维不动点定理——从一道前苏联数学奥林匹克试题谈起	2014－01	38.00	273
压缩不动点定理——从一道高考数学试题的解法谈起	即将出版		
伯恩赛德定理——从一道英国数学奥林匹克试题谈起	即将出版		
布查特一莫斯特定理——从一道上海市初中竞赛试题谈起	即将出版		
数论中的同余数问题——从一道普特南竞赛试题谈起	即将出版		
范·德蒙行列式——从一道美国数学奥林匹克试题谈起	即将出版		
中国剩余定理——从一道美国数学奥林匹克试题的解法谈起	即将出版		
牛顿程序与方程求根——从一道全国高考试题解法谈起	即将出版		
库默尔定理——从一道IMO预选试题谈起	即将出版		
卢丁定理——从一道冬令营试题的解法谈起	即将出版		
沃斯滕霍姆定理——从一道IMO预选试题谈起	即将出版		
卡尔松不等式——从一道莫斯科数学奥林匹克试题谈起	即将出版		
信息论中的香农熵——从一道近年高考压轴题谈起	即将出版		
约当不等式——从一道希望杯竞赛试题谈起	即将出版		
拉比诺维奇定理	即将出版		
刘维尔定理——从一道《美国数学月刊》征解问题的解法谈起	即将出版		
卡塔兰恒等式与级数求和——从一道IMO试题的解法谈起	即将出版		
勒让德猜想与素数分布——从一道爱尔兰竞赛试题谈起	即将出版		
天平称重与信息论——从一道基辅市数学奥林匹克试题谈起	即将出版		

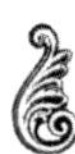

哈尔滨工业大学出版社刘培杰数学工作室 已出版(即将出版)图书目录

书　名	出版时间	定　价	编号
艾思特曼定理——从一道 CMO 试题的解法谈起	即将出版		
一个爱尔特希问题——从一道西德数学奥林匹克试题谈起	即将出版		
有限群中的爱丁格尔问题——从一道北京市初中二年级数学竞赛试题谈起	即将出版		
贝克码与编码理论——从一道全国高中联赛试题谈起	即将出版		
帕斯卡三角形	2014－03	18.00	294
蒲丰投针问题——从 2009 年清华大学的一道自主招生试题谈起	2014－01	38.00	295
斯图姆定理——从一道"华约"自主招生试题的解法谈起	2014－01	18.00	296
许瓦兹引理——从一道加利福尼亚大学伯克利分校数学系博士生试题谈起	2014－01		297
拉格朗日中值定理——从一道北京高考试题的解法谈起	2014－01		298
拉姆塞定理——从王诗宬院士的一个问题谈起	2014－01		299
坐标法	2013－12	28.00	332
数论三角形	2014－04	38.00	341
中等数学英语阅读文选	2006－12	38.00	13
统计学专业英语	2007－03	28.00	16
统计学专业英语(第二版)	2012－07	48.00	176
幻方和魔方(第一卷)	2012－05	68.00	173
尘封的经典——初等数学经典文献选读(第一卷)	2012－07	48.00	205
尘封的经典——初等数学经典文献选读(第二卷)	2012－07	38.00	206
实变函数论	2012－06	78.00	181
非光滑优化及其变分分析	2014－01	48.00	230
疏散的马尔科夫链	2014－01	58.00	266
初等微分拓扑学	2012－07	18.00	182
方程式论	2011－03	38.00	105
初级方程式论	2011－03	28.00	106
Galois 理论	2011－03	18.00	107
古典数学难题与伽罗瓦理论	2012－11	58.00	223
伽罗华与群论	2014－01	28.00	290
代数方程的根式解及伽罗瓦理论	2011－03	28.00	108
线性偏微分方程讲义	2011－03	18.00	110
N 体问题的周期解	2011－03	28.00	111
代数方程式论	2011－05	18.00	121
动力系统的不变量与函数方程	2011－07	48.00	137
基于短语评价的翻译知识获取	2012－02	48.00	168
应用随机过程	2012－04	48.00	187
概率论导引	2012－04	18.00	179
矩阵论(上)	2013－06	58.00	250
矩阵论(下)	2013－06	48.00	251

哈尔滨工业大学出版社刘培杰数学工作室 已出版(即将出版)图书目录

书　名	出版时间	定　价	编号
抽象代数:方法导引	2013－06	38.00	257
闵嗣鹤文集	2011－03	98.00	102
吴从炘数学活动三十年(1951～1980)	2010－07	99.00	32
吴振奎高等数学解题真经(概率统计卷)	2012－01	38.00	149
吴振奎高等数学解题真经(微积分卷)	2012－01	68.00	150
吴振奎高等数学解题真经(线性代数卷)	2012－01	58.00	151
高等数学解题全攻略(上卷)	2013－06	58.00	252
高等数学解题全攻略(下卷)	2013－06	58.00	253
高等数学复习纲要	2014－01	18.00	384
钱昌本教你快乐学数学(上)	2011－12	48.00	155
钱昌本教你快乐学数学(下)	2012－03	58.00	171
数贝偶拾——高考数学题研究	2014－04	28.00	274
数贝偶拾——初等数学研究	2014－04	38.00	275
数贝偶拾——奥数题研究	2014－04	48.00	276
集合、函数与方程	2014－01	28.00	300
数列与不等式	2014－01	38.00	301
三角与平面向量	2014－01	28.00	302
平面解析几何	2014－01	38.00	303
立体几何与组合	2014－01	28.00	304
极限与导数、数学归纳法	2014－01	38.00	305
趣味数学	2014－03	28.00	306
教材教法	2014－04	68.00	307
自主招生	2014－05	58.00	308
高考压轴题(上)	即将出版		309
高考压轴题(下)	即将出版		310
从费马到怀尔斯——费马大定理的历史	2013－10	198.00	Ⅰ
从庞加莱到佩雷尔曼——庞加莱猜想的历史	2013－10	298.00	Ⅱ
从切比雪夫到爱尔特希(上)——素数定理的初等证明	2013－07	48.00	Ⅲ
从切比雪夫到爱尔特希(下)——素数定理 100 年	2012－12	98.00	Ⅲ
从高斯到盖尔方特——虚二次域的高斯猜想	2013－10	198.00	Ⅳ
从库默尔到朗兰兹——朗兰兹猜想的历史	2014－01	98.00	Ⅴ
从比勃巴赫到德布朗斯——比勃巴赫猜想的历史	2014－02	298.00	Ⅵ
从麦比乌斯到陈省身——麦比乌斯变换与麦比乌斯带	2014－02	298.00	Ⅶ
从布尔到豪斯道夫——布尔方程与格论漫谈	2013－10	198.00	Ⅷ
从开普勒到阿诺德——三体问题的历史	2014－05	298.00	Ⅸ
从华林到华罗庚——华林问题的历史	2013－10	298.00	Ⅹ

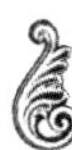

哈尔滨工业大学出版社刘培杰数学工作室已出版(即将出版)图书目录

书　　名	出版时间	定　价	编号
三角函数	2014-01	38.00	311
不等式	2014-01	28.00	312
方程	2014-01	28.00	314
数列	2014-01	38.00	313
排列和组合	2014-01	28.00	315
极限与导数	2014-01	28.00	316
向量	2014-01	38.00	317
复数及其应用	2014-01	28.00	318
函数	2014-01	38.00	319
集合	即将出版		320
直线与平面	2014-01	28.00	321
立体几何	2014-04	28.00	322
解三角形	即将出版		323
直线与圆	2014-01	18.00	324
圆锥曲线	2014-01	38.00	325
解题通法(一)	2014-01	38.00	326
解题通法(二)	2014-01	38.00	327
解题通法(三)	2014-05	38.00	328
概率与统计	2014-01	28.00	329
信息迁移与算法	即将出版		330
第19~23届"希望杯"全国数学邀请赛试题审题要津详细评注(初一版)	2014-03	28.00	333
第19~23届"希望杯"全国数学邀请赛试题审题要津详细评注(初二、初三版)	2014-03	38.00	334
第19~23届"希望杯"全国数学邀请赛试题审题要津详细评注(高一版)	2014-03	28.00	335
第19~23届"希望杯"全国数学邀请赛试题审题要津详细评注(高二版)	2014-03	38.00	336
物理奥林匹克竞赛大题典——力学卷	即将出版		
物理奥林匹克竞赛大题典——热学卷	2014-04	28.00	339
物理奥林匹克竞赛大题典——电磁学卷	即将出版		
物理奥林匹克竞赛大题典——光学与近代物理卷	2014-06	28.00	

联系地址:哈尔滨市南岗区复华四道街10号　哈尔滨工业大学出版社刘培杰数学工作室
网　　址:http://lpj.hit.edu.cn/
邮　　编:150006
联系电话:0451-86281378　　13904613167
E-mail:lpj1378@163.com